中国水利统计年鉴2016

 中华人民共和国水利部 编

中国水利水电出版社
www.waterpub.com.cn
·北京·

图书在版编目（ＣＩＰ）数据

中国水利统计年鉴. 2016 / 中华人民共和国水利部
编. -- 北京 ：中国水利水电出版社, 2016.10
ISBN 978-7-5170-4804-6

Ⅰ. ①中… Ⅱ. ①中… Ⅲ. ①水利建设－统计资料－
中国－2016－年鉴 Ⅳ. ①F426.9-54

中国版本图书馆CIP数据核字(2016)第245078号

责任编辑　王　丽　李金玲　李潇培

书　　名	**中国水利统计年鉴 2016** ZHONGGUO SHUILI TONGJI NIANJIAN 2016
作　　者	中华人民共和国水利部　编
出版发行	中国水利水电出版社 （北京市海淀区玉渊潭南路 1 号 D 座　100038） 网址：www. waterpub. com. cn E - mail：sales@waterpub. com. cn 电话：（010）68367658（营销中心）
经　　售	北京科水图书销售中心（零售） 电话：（010）88383994、63202643、68545874 全国各地新华书店和相关出版物销售网点
排　　版	中国水利水电出版社微机排版中心
印　　刷	北京嘉恒彩色印刷有限责任公司
规　　格	210mm×297mm　16 开本　14.25 印张　554 千字
版　　次	2016 年 10 月第 1 版　2016 年 10 月第 1 次印刷
印　　数	0001—1000 册
定　　价	**139.00 元**

凡购买我社图书，如有缺页、倒页、脱页的，本社营销中心负责调换
版权所有·侵权必究

《中国水利统计年鉴2016》
编委会和编写人员名单

编 委 会

主　　任：周学文

副 主 任：汪安南

委　　员：（以姓氏笔画为序）

王　治　王　翔　匡尚富　朱闽丰　刘祥峰　许德志　杨得瑞　李　戈

李仰斌　李原园　张新玉　陈茂山　金　旸　郝崇成　祖雷鸣　倪文进

郭孟卓　钱宜伟　曹淑敏　蔡建元

编 写 人 员

主　　编：汪安南

副 主 编：吴　强　段红东

执行编辑：王　勇　王　瑜　乔根平

编辑人员：（以姓氏笔画为序）

王　为　王　伟　王　勇　王　瑜　卢　琼　叶莉莉　田　琦　巩劲标

吕　烨　曲　鹏　乔根平　乔殿新　齐兵强　汪习文　杜崇玲　李　默

吴梦莹　张　岚　张　范　张晓兰　张象明　周　玉　姚似锦　荆茂涛

武　斌　徐　岩　高　龙　郭慧滨

英文翻译：谷丽雅　侯小虎　盛晓莉　王　玎

数据处理：王小娜　齐　飞　李　乐　郭　悦　韩沂桦

《China Water Statistical Yearbook 2016》

Editorial Board and Editorial Staff

编 者 说 明

一、《中国水利统计年鉴2016》系统收录了2015年全国和各省、自治区、直辖市的水资源、水环境、水利建设投资、水利工程设施、水电等方面的统计数据，以及新中国成立以来的全国主要水利统计数据，是一部全面反映中华人民共和国水利发展情况的资料性年刊。

二、本年鉴正文内容分为9个篇章，即：江河湖泊及水资源、江河治理、农业灌溉、供用水、水土保持、水利建设投资、农村水电、水文站网、从业人员情况。为方便读者使用，各篇章前均设有简要说明，概述本篇章的主要内容、数据来源、统计范围、统计方法以及历史变动情况。篇末附有主要统计指标解释。

三、本年鉴的全国性统计数据，如未作特殊说明均不包括香港特别行政区、澳门特别行政区和台湾省数据。2012年水库数量、水闸数量、机电井数量、堤防长度、灌溉面积、灌区、水土保持治理面积等主要指标数据已与2011年第一次全国水利普查数据衔接，2013年节水灌溉面积数据已与2011年第一次全国水利普查数据衔接。

四、本年鉴在编辑上采用了以下方法。

（1）部分统计资料从1949年至2015年均被记录，但一些年份指标数据由于历史记录不详没有收录。

（2）分省统计资料均按当年各省级行政区域范围收集，行政区域范围变化后没有调整统计资料。例如：四川省的资料，在重庆市划出前，包括在内。

（3）部分统计资料按流域或水资源一级分区分组。

（4）历史数据基本保持原貌，未作改动。

（5）部分指标未单列新疆生产建设兵团数据，其数据含在"新疆"的数据中。

五、所使用的计量单位，大部分采用国际统一法定标准计量单位，小部分沿用水利统计惯用单位。

六、部分数据合计数量由于数字位数取舍而产生的计算误差，均未作调整。

七、凡带有续表的资料，有关注释均列在第一张表的下方。

八、符号使用说明：各表中的"空格"表示该项统计指标数据不足本表最小单位数、数据不详或无该项数据；"#"表示其中主要项；"*"或数字标示（如①等）表示本表下有注解。

EDITOR'S NOTES

A. *China Water Statistical Yearbook 2016*, as an annual reference book that introduces water resources development of the People's Republic of China, has systematically collected a wide range of statistical data of water resources, water environment, water investments in fixed assets, water projects and infrastructures, hydropower development etc. of the whole country and of each province, autonomous region and municipality directly under the administration of Central Government in 2015. In addition, the Yearbook provides main statistical data of water sector since the founding of the People's Republic of China in 1949.

B. The content of the Yearbook include nine chapters:

1. Rivers, lakes and water resources
2. River regulation
3. Agricultural irrigation
4. Water supply and water use
5. Soil and water conservation
6. Investments in water development
7. Rural hydropower development
8. Hydrological network
9. Employees

To help readers clearly understand the statistical data, a brief introduction is placed before each chapter, to make a briefing on main contents, data sources, statistical scope and method, and historical changes. Moreover, explanation of main statistical indices is given at the end of each chapter.

C. In the Yearbook, if no special explanation, the national statistics excludes those of Hong Kong Special Administrative Region, Macao Special Administrative Region and Taiwan Province. The data of 2012, the number of reservoir and the sluice and gate、 the length of embank、 irrigated area、 irrigation district、 electro-mechanical wells、 controlled area of soil erosion were revised according to the data of First National Census for Water. The data of 2013 of the water-saving irrigated area was revised according to the data of First National Census for Water.

D. Following methods are adopted when statistical data are produced and the Yearbook is edited:

1. Some statistical data from 1949 to 2015 are recorded, however some yearly data are excluded because the historical record is incomplete.

2. Statistical data of each year is collected on the basis of scope of administrative region of each province, and no adjustment is made after the changes of division of administrative region. For example, the data of Chongqing is covered by Sichuan Province before Chongqing changed to the Municipality.

3. Some statistical data are grouped based on river basins or grade- I water resources regions.

4. Historical data are kept unchanged.

5. Statistical data of Xinjiang cover that of the Xinjiang Production and Construction Corps.

E. Metric System is commonly applied for most of the data in the Yearbook as the unit of measurements, but in a few circumstances, units that widely used locally are adopted.

F. No automatic adjustment is made for calculation error of some total figures herein as a result of the dropping of a certain digit.

G. Where statistical data has continued table, the relevant annotations is listed at the bottom of the first table continued.

H. Notes on symbol-use: the space in tables of the Yearbook means that index data are less than the required minimum, or not quite clear or not available; # represents the main item; * or ① means that there are annotations at the bottom of the table.

目 录

CONTENTS

2 江河治理
River Regulation

简要说明
Brief Introduction

3　农业灌溉
Agricultural Irrigation

简要说明
Brief Introduction

Contents

4 供用水
Water Supply and Water Use

简要说明
Brief Introduction

5 水土保持
Soil and Water Conservation

简要说明
Brief Introduction

6 水利建设投资
Investments in Water Development

简要说明
Brief Introduction

7 农村水电
Rural Hydropower Development

简要说明
Brief Introduction

8 水文站网
Hydrological Network

简要说明
Brief Introduction

9 从业人员情况
Employees

简要说明
Brief Introduction

1 江河湖泊及水资源

Rivers，Lakes and Water Resources

简 要 说 明

江河湖泊及水资源统计资料包括主要江河、湖泊、自然资源与水资源的状况，降水量、水资源量、水旱灾害及水质等。

1. 自然状况包括国土、气候等资料，国土和气候资料来源于《中国统计年鉴 2011》和《中国统计年鉴 2012》。

2. 降水量资料，按照水资源一级分区和地区整理。

3. 水资源量资料汇总了 1997 年以来的数据，按水资源一级分区和地区整理。

4. 主要河流、内陆水域、湖泊资料，按照主要河流水系整理。

5. 河流水质、湖泊水质资料按水资源一级分区整理。

6. 主要江河年径流量为 50 年平均值。

Brief Introduction

Statistical data of rivers, lakes and water resources provides information on main rivers and lakes, conditions of natural resources and water resources, precipitation, volume of water resources, flood or drought disasters, water quality, etc.

1. Condition of natural resources covers data of land climate, which is sourced from *China Statistical Yearbook 2011* and *China Statistical Yearbook 2012*.

2. Data of precipitation is sorted according to grade-I water resources regions and regions.

3. Data of volume of water resources, collected since 1997, is classified according to regions and grade-I water resources regions.

4. Data of main rivers, inland water bodies and lakes is classified according to main watersheds.

5. Data of water quality in rivers and water quality in lakes is classified according to grade-I water resources regions.

6. Mean annual runoff of the main rivers is accumulated data of past 50 years.

1-1 中国主要河流水系表
Water Systems of Major Rivers in China

河 名 River		河长 /千米 Length /km	注 入 Running into
长 江	Yangtze River	6300	东海 East China Sea
黄 河	Yellow River	5464	渤海 Bo Hai
松花江	Songhua River	2308	黑龙江 Heilong River
珠 江	Pearl River	2214	南海 South China Sea
辽 河	Liaohe River	1390	渤海湾 Gulf of Bo Hai
海 河	Haihe River	1090	渤海湾 Gulf of Bo Hai
淮 河	Huaihe River	1000	长江 Yangtze River
滦 河	Luanhe River	877	渤海湾 Gulf of Bo Hai
闽 江	Minjiang River	541	东海 East China Sea
钱塘江	Qiantang River	428	东海 East China Sea
南渡江	Nandu River	311	琼州海峡 Qiongzhou Strait
浊水溪	Zhuoshuixi River	186	台湾海峡 Taiwan Strait

1-2 七大江河基本情况

General Conditions of Seven Major Rivers

河名 River	流域面积 /平方千米 /km² Drainage Area	年径流量 /亿立方米 /10⁸m³ Annual Runoff	多年平均① Mean Average①						
			径流量 /亿立方米 /10⁸m³ Mean Annual Runoff	人口 /亿人 /10⁸ persons Population	耕地 /千公顷 /10³ha Cultivated Land	人均占有年径流量 /立方米每人 /(m³/person) Annual Runoff per Capita	耕地亩均占有年径流量 /立方米 /m³ Annual Runoff per mu of Farmland	粮食总产量 /万吨 /10⁴t Total Yield of Grain Production	播种面积平均亩产 /千克 /kg Average Yield per mu of Cultivated Land
长 江 Yangtze River	1808500	9513	9280	3.79	23467	2449	2636	14334.42	279
黄 河 Yellow River	752443	661	628	0.92	12133	683	345	2757.98	160
松花江 Songhua River	557180	762	733	0.51	10467	1437	467	2920.97	224
辽 河 Liaohe River	228960	148	126	0.34	4400	371	191	1770.64	308
珠 江 Pearl River	453690	3338	3360	0.82	4667	1098	4800	2195.58	236
海 河 Haihe River	263631	228	288	1.10	11333	262	169	3731.24	221
淮 河 Huaihe River	269283	622	611	1.42	12333	430	330	6122.13	247

① 是指50年平均值。

① It refers to the average over the past 50 years.

1-3 主要江河年径流量
Annual Runoff of Major Rivers

水 系 Water System	河 名 River	集水面积 /平方千米 Catchment Area /km²	河长 /千米 Length of River /km	多年平均[1] Mean Average[1]		
				年径流量 /亿立方米 Annual Runoff /10⁸m³	年径流深 /毫米 Depth of Annual Runoff /mm	年均流量 /立方米每秒 Mean Annual Runoff /(m³/s)
黑龙江 Heilong River	松花江 Songhua River	557180	2308	733	134	2320
	嫩江 Nenjiang River	282748	1369	225	80	713
	第二松花江 Second Songhua River	78723	799	165	210	517
	牡丹江 Mudan River	37023	726	84	228	267
辽河 Liaohe River	辽河 Liaohe River	228960	1390	126	55	400
	浑河 Hunhe River	11481	415	29	248	90
	太子河 Taizi River	13883	413	36	264	114
辽宁沿海 Coastal Rivers of Liaoning Province	大凌河 Daling River	23549	397	21	89	66
海滦河 Hai-Luan Rivers	滦河 Luanhe River	44750	877	48	109	152
	海河 Haihe River	263631	1090	228	87	723
	潮白河 Chaobai River	19559	467	19	109	61
	永定河 Yongding River	50830	681	20	45	65
	大清河 Daqing River	39244	483	44	113	140
	子牙河 Ziya River	46300	751	44	95	139
	漳卫南运河 Zhangweinan Canal	37200	959	42	128	133
黄河 Yellow River	黄河 Yellow River	752443	5464	628	84	1990
	洮河 Taohe River	25527	673	53	2080	168
	湟水 Huangshui River	32863	374	50	153	159
	无定河 Wuding River	30261	491	15	48	46
	汾河 Fenhe River	39471	694	27	67	84

① 根据河口控制站 1956—1979 年资料推算。
① It is calculated based on the data of control stations in river mouthes from 1956 to 1979.

1-3 续表 continued

水 系 Water System	河 名 River	集水面积 /平方千米 Catchment Area /km²	河长 /千米 Length of River /km	多年平均[1] Mean Average[1]		
				年径流量 /亿立方米 Annual Runoff /10⁸m³	年径流深 /毫米 Depth of Annual Runoff /mm	年均流量 /立方米每秒 Mean Annual Runoff /(m³/s)
黄河 Yellow River	渭河 Weihe River	134766	818	104	77	330
	伊洛河 Yiluo River	18881	447	35	184	110
	沁河 Qinhe River	13532	485	18	136	58
淮河 Huaihe River	淮河 Huaihe River	269283	1000	611	231	1940
	淮河水系 Huaihe River Water System	188497	1000	443	235	1400
	颍河 Yinghe River	39890	557	59	149	188
	史河 Shihe River	6850	211	35	511	111
	淠河 Pihe River	6450	248	39	601	123
	沂河 Yihe River	10315	220	34	331	108
	沭河 Shuhe River	6161	206	19	300	59
长江 Yangtze River	长江 Yangtze River	1808500	6300	9280	513	29460
	金沙江 Jinsha River	473242	2920	1520	321	4820
	雅砻江 Yalong River	128444	1190	586	456	1860
	岷江 Minjiang River	135868	711	921	678	2918
	嘉陵江 Jialing River	157928	1120	696	441	2210
	乌江 Wujiang River	87241	1020	530	608	1680
	湘江 Xiangjiang River	94660	856	759	802	2405
	资水 Zishui River	81422	653	239	849	759
	沅江 Yuanjiang River	89164	1033	667	748	2114
	澧水 Lishui River	18496	388	165	892	523
	汉江 Hanjiang River	159000	1565	557	350	1761
	赣江 Ganjiang River	80948	744	664	820	2105
	抚河 Fuhe River	15811	276	147	930	465

1-3 续表 continued

水 系 Water System	河 名 River	集水面积 /平方千米 Catchment Area /km²	河长 /千米 Length of River /km	多年平均① Mean Average①		
				年径流量 /亿立方米 Annual Runoff /10⁸m³	年径流深 /毫米 Depth of Annual Runoff /mm	年均流量 /立方米每秒 Mean Annual Runoff /(m³/s)
珠江 Pearl River	柳江 Liujiang River	58270	775	527	904	1670
	北江 Beijiang River	46710	468	510	1092	1620
	东江 Dongjiang River	27010	520	257	950	815
韩江 Hanjiang River	韩江 Hanjiang River	30100	470	261	867	828
海南岛诸河 Rivers in Hainan Island	南渡河 Nandu River	7176	311	70	977	222
浙闽诸河 Rivers in Zhejiang and Fujian	钱塘江 Qiantang River	12156	428	364	874	1160
	瓯江 Oujiang River	17859	388	189	1058	599
	闽江 Minjiang River	60992	541	586	961	1870
河西内陆河 Inland Rivers of Hexi Corridor Region	昌马河 Changma River	13405	320	10	74	32
	黑河 Heihe River	10009	303	16	155	49
新疆内陆河 Inland Rivers of Xinjiang	乌伦古河 Wulungu River	32040	821	11	33	34
青海内陆河 Inland Rivers of Qinghai	格尔木河 Golmud River	18648	227	8	40	24

1-4 河流流域面积
Drainage Area of Rivers

流域名称 River	流域面积 /平方千米 Drainage Area /km²	占外流河、内陆河流域面积合计 /% Percentage to Total /%
合计　**Total**	**9506678**	**100.00**
外流河　**Out-flowing Rivers**	**6150927**	**64.70**
黑龙江及绥芬河　Heilong River and Suifen River	934802	9.83
辽河、鸭绿江及沿海诸河　Liaohe River, Yalu River and Coastal Rivers	314146	3.30
海滦河　Hai-Luan Rivers	320041	3.37
黄河　Yellow River	752773	7.92
淮河及山东沿海诸河　Huaihe River and Coastal Rivers in Shandong	330009	3.47
长江　Yangtze River	1782715	18.75
浙闽台诸河　Rivers in Zhejiang, Fujian and Taiwan	244574	2.57
珠江及沿海诸河　Pearl River and Coastal Rivers	578974	6.09
元江及澜沧江　Yuanjiang River and Lancang River	240389	2.53
怒江及滇西诸河　Nujiang River and Rivers in West Yunnan	157392	1.66
雅鲁藏布江及藏南诸河　Yarlung Zangbo River and Rivers in South Tibet	387550	4.08
藏西诸河　Rivers in West Tibet	58783	0.62
额尔齐斯河　Irtysh River	48779	0.51
内陆河　**Inland Rivers**	**3355751**	**35.30**
内蒙古内陆河　Inland Rivers in Inner Mongolia	311378	3.28
河西内陆河　Inland Rivers in Hexi Corridor Region	469843	4.94
准噶尔内陆河　Inland Rivers in Junggar Basin	323621	3.40
中亚细亚内陆河　Inland Rivers in Central Asia	77757	0.82
塔里木内陆河　Inland Rivers in Tarim Basin	1079643	11.36
青海内陆河　Inland Rivers in Qinghai	321161	3.38
羌塘内陆河　Inland Rivers in Qiangtang	730077	7.68
松花江、黄河、藏南闭流区　Closed-Drainage Area of Songhua River, Yellow River and Rivers in Southern Tibet	42271	0.44

注　本表数据为 2002—2005 年进行的第二次水资源评价数据。

Note　Figures in this table are from the second water resources evaluation between 2002 and 2005.

1-5 内陆水域面积
Area of Inland Water Bodies

单位：千公顷   unit: 10³ha

水 域	Water Body	总水面面积 Total Area of Water Surface	#可养殖水面面积 Area of Cultivatable Waters	已养殖水面面积 Area of Cultivated Waters	尚可利用水面面积 Area of Utilizable Waters
合 计	Total	17471	6749	4669	2178
河 沟	Valley (Gully)	5278	766	347	419
水 库	Reservoir	2302	1884	1516	368
湖 泊	Lake	7524	2151	824	1327
池 塘	Pool	1922	1922	1858	64
其 他	Others	445	26	124	

注　本表数据来源于《中国统计年鉴2011》。

Source: *China Statistical Yearbook 2011.*

1-6 全 国 主 要 湖 泊
Key Lakes in China

湖 名 Lake	主 要 所 在 地 Main Location	湖泊面积 /平方千米 Area /km²	湖水贮量 /亿立方米 Storage /10⁸m³
青海湖 Qinghai Lake	青海 Qinghai	4200	742
鄱阳湖 Poyang Lake	江西 Jiangxi	3960	259
洞庭湖 Dongting Lake	湖南 Hunan	2740	178
太湖 Taihu Lake	江苏 Jiangsu	2338	44
呼伦湖 Hulun Lake	内蒙古 Inner Mongolia	2000	111
纳木错 Namtso Lake	西藏 Tibet	1961	768
洪泽湖 Hongze Lake	江苏 Jiangsu	1851	24
色林错 Selincuo Lake	西藏 Tibet	1628	492
南四湖 Nansi Lake	山东 Shandong	1225	19
扎日南木错 Zharinanmucuo Lake	西藏 Tibet	996	60
博斯腾湖 Bosten Lake	新疆 Xinjiang	960	77
当惹雍错 Dangreyongcuo Lake	西藏 Tibet	835	209
巢湖 Chaohu Lake	安徽 Anhui	753	18
布伦托海 Buluntuohai Lake	新疆 Xinjiang	730	59
高邮湖 Gaoyou Lake	江苏 Jiangsu	650	9
羊卓雍错 Yangzhuoyongcuo Lake	西藏 Tibet	638	146
鄂陵湖 Eling Lake	青海 Qinghai	610	108
哈拉湖 Hala Lake	青海 Qinghai	538	161
阿牙克库木湖 Ayakekumu Lake	新疆 Xinjiang	570	55
扎陵湖 Gyaring Lake	青海 Qinghai	526	47
艾比湖 Aibi Lake	新疆 Xinjiang	522	9
昂拉仁错 Anglarencuo Lake	西藏 Tibet	513	102
塔若错 Taruocuo Lake	西藏 Tibet	487	97
格仁错 Gerencuo Lake	西藏 Tibet	476	71
赛里木湖 Sayram Lake	新疆 Xinjiang	454	210
松花湖 Songhua Lake	吉林 Jilin	425	108
班公错 Bangongcuo Lake	西藏 Tibet	412	74
玛旁雍错 Manasarovar Lake	西藏 Tibet	412	202
洪湖 Honghu Lake	湖北 Hubei	402	8
阿次克湖 Acike Lake	新疆 Xinjiang	345	34
滇池 Dianchi Lake	云南 Yunnan	298	12
拉昂错 Laangcuo Lake	西藏 Tibet	268	40
梁子湖 Liangzi Lake	湖北 Hubei	256	7
洱海 Erhai Lake	云南 Yunnan	253	26
龙感湖 Longgan Lake	安徽 Anhui	243	4
骆马湖 Luoma Lake	江苏 Jiangsu	235	3
达里诺尔 Dalinuoer Lake	内蒙古 Inner Mongolia	210	22
抚仙湖 Fuxian Lake	云南 Yunnan	211	19
泊湖 Pohu Lake	安徽 Anhui	209	3
石臼湖 Shijiu Lake	江苏 Jiangsu	208	4
月亮泡 Yueliangpao Lake	吉林 Jilin	206	5
岱海 Daihai Lake	内蒙古 Inner Mongolia	140	13
波特港湖 Botegang Lake	新疆 Xinjiang	160	13
镜泊湖 Jingpo Lake	黑龙江 Heilongjiang	95	16

1-6 续表 continued

湖 名 Lake	所 在 流 域 River Basin		水 型 Lake Type
	内陆湖区 Inland Lake Region	外流湖区 Out-flowing Lake Region	
青海湖 Qinghai Lake	柴达木区 Qaidam		咸水湖 Saltwater Lake
鄱阳湖 Poyang Lake		长江流域 Yangtze River Basin	淡水湖 Freshwater Lake
洞庭湖 Dongting Lake		长江流域 Yangtze River Basin	淡水湖 Freshwater Lake
太湖 Taihu Lake		长江流域 Yangtze River Basin	淡水湖 Freshwater Lake
呼伦湖 Hulun Lake	内蒙古区 Inner Mongolia		咸水湖 Saltwater Lake
纳木错 Namtso Lake	藏北区 North Tibet		咸水湖 Saltwater Lake
洪泽湖 Hongze Lake		淮河流域 Huaihe River Basin	淡水湖 Freshwater Lake
色林错 Selincuo Lake	藏北区 North Tibet		咸水湖 Saltwater Lake
南四湖 Nansi Lake		淮河流域 Huaihe River Basin	淡水湖 Freshwater Lake
扎日南木错 Zharinanmucuo Lake	藏北区 North Tibet		咸水湖 Saltwater Lake
博斯腾湖 Bosten Lake	甘新区 Gansu-Xinjiang Region		咸水湖 Saltwater Lake
当惹雍错 Dangreyongcuo Lake	藏北区 North Tibet		咸水湖 Saltwater Lake
巢湖 Chaohu Lake		长江流域 Yangtze River Basin	淡水湖 Freshwater Lake
布伦托海 Buluntuohai Lake	甘新区 Gansu-Xinjiang Region		咸水湖 Saltwater Lake
高邮湖 Gaoyou Lake		淮河流域 Huaihe River Basin	淡水湖 Freshwater Lake
羊卓雍错 Yangzhuoyongcuo Lake	藏北区 North Tibet		咸水湖 Saltwater Lake
鄂陵湖 Eling Lake		黄河流域 Yellow River Basin	淡水湖 Freshwater Lake
哈拉湖 Hala Lake	柴达木区 Qaidam		咸水湖 Saltwater Lake
阿牙克库木湖 Ayakekumu Lake	藏北区 North Tibet		咸水湖 Saltwater Lake
扎陵湖 Gyaring Lake		黄河流域 Yellow River Basin	淡水湖 Freshwater Lake
艾比湖 Aibi Lake	甘新区 Gansu-Xinjiang Region		咸水湖 Saltwater Lake
昂拉仁错 Anglarencuo Lake	藏北区 North Tibet		咸水湖 Saltwater Lake
塔若错 Taruocuo Lake	藏北区 North Tibet		咸水湖 Saltwater Lake
格仁错 Gerencuo Lake	藏北区 North Tibet		淡水湖 Freshwater Lake
赛里木湖 Sayram Lake	甘新区 Gansu-Xinjiang Region		咸水湖 Saltwater Lake
松花湖 Songhua Lake		黑龙江流域 Heilong River Basin	淡水湖 Freshwater Lake
班公错 Bangongcuo Lake	藏北区 North Tibet		东淡西咸 Freshwater in the East and Saltwater in the West
玛旁雍错 Manasarovar Lake	藏南区 South Tibet		淡水湖 Freshwater Lake
洪湖 Honghu Lake		长江流域 Yangtze River Basin	淡水湖 Freshwater Lake
阿次克湖 Acike Lake	藏北区 North Tibet		咸水湖 Saltwater Lake
滇池 Dianchi Lake		长江流域 Yangtze River Basin	淡水湖 Freshwater Lake
拉昂错 Laangcuo Lake	藏南区 South Tibet		淡水湖 Freshwater Lake
梁子湖 Liangzi Lake		长江流域 Yangtze River Basin	淡水湖 Freshwater Lake
洱海 Erhai Lake		西南诸河 Southwest Region	淡水湖 Freshwater Lake
龙感湖 Longgan Lake		长江流域 Yangtze River Basin	淡水湖 Freshwater Lake
骆马湖 Luoma Lake		淮河流域 Huaihe River Basin	淡水湖 Freshwater Lake
达里诺尔 Dalinuoer Lake	内蒙古区 Inner Mongolia		咸水湖 Saltwater Lake
抚仙湖 Fuxian Lake		珠江流域 Pearl River Basin	淡水湖 Freshwater Lake
泊湖 Pohu Lake		长江流域 Yangtze River Basin	淡水湖 Freshwater Lake
石臼湖 Shijiu Lake		长江流域 Yangtze River Basin	淡水湖 Freshwater Lake
月亮泡 Yueliangpao Lake		黑龙江流域 Heilong River Basin	淡水湖 Freshwater Lake
岱海 Daihai Lake	内蒙古区 Inner Mongolia		咸水湖 Saltwater Lake
波特港湖 Botegang Lake	甘新区 Gansu-Xinjiang Region		淡水湖 Freshwater Lake
镜泊湖 Jingpo Lake		黑龙江流域 Heilong River Basin	淡水湖 Freshwater Lake

1-7 湖 泊 面 积
Area of Lakes

地 区	Zoning	湖水面积 /平方千米 Area of Lakes /km²	湖水贮量 /亿立方米 Storage of Lakes /10⁸m³	#淡水贮量 Storage of Freshwater	占湖泊淡水总贮量 /% Percentage to Total Storage of Lake Freshwater /%
合 计	**Total**	75610	7510	2150	100.0
青藏高原	Tibet Plateau	36560	5460	880	40.9
东部平原	Eastern Plain	23430	820	820	38.1
蒙新高原	Mongolia and Xinjiang Plateau	8670	760	20	0.9
东北平原	Northeast Plain	4340	200	160	7.4
云南高原	Yunnan Plateau	1100	240	240	11.2
其 他	Others	1510	30	30	1.4

注　本表数据来源于《中国统计年鉴 2011》。

Source: *China Statistical Yearbook 2011.*

1-8 各地区湖泊个数和面积①

Number and Area of Lakes, by Region①

地区	Region	湖泊数量 /个 Number of Lakes /unit	淡水湖 Freshwater Lake	咸水湖 Saltwater Lake	盐湖 Salt Lake	其他 Others	湖泊面积 /平方千米 Lake Area /km²	淡水湖 Freshwater Lake	咸水湖 Saltwater Lake	盐湖 Salt Lake	其他 Others
合　计	Total	2865②	1594	945	166	160	78007.1	35149.9	39205.0	2003.7	1648.6
北　京	Beijing	1	1				1.3	1.3			
天　津	Tianjin	1	1				5.1	5.1			
河　北	Hebei	23	6	13	4		364.8	268.5	90.7	5.6	
山　西	Shanxi	6	4	2			80.7	18.8	61.9		
内蒙古	Inner Mongolia	428	86	268	73	1	3915.8	571.6	3101.4	240.0	2.8
辽　宁	Liaoning	2	2				44.7	44.7			
吉　林	Jilin	152	27	39	67	19	1055.2	165.6	486.4	338.9	64.3
黑龙江	Heilongjiang	253	241	12			3036.9	2890.8	146.1		
上　海	Shanghai	14	14				68.1	68.1			
江　苏	Jiangsu	99	99				5887.3	5887.3			
浙　江	Zhejiang	57	57				99.2	99.2			
安　徽	Anhui	128	128				3505.0	3505.0			
福　建	Fujian	1	1				1.5	1.5			
江　西	Jiangxi	86	86				3802.2	3802.2			
山　东	Shandong	8	7	1			1051.7	1047.7	4.0		
河　南	Henan	6	6				17.2	17.2			
湖　北	Hubei	224	224				2569.2	2569.2			
湖　南	Hunan	156	156				3370.7	3370.7			
广　东	Guangdong	7	6	1			18.7	17.5	1.2		
广　西	Guangxi	1	1				1.1	1.1			
海　南	Hainan										
重　庆	Chongqing										
四　川	Sichuan	29	29				114.5	114.5			
贵　州	Guizhou	1	1				22.9	22.9			
云　南	Yunnan	29	29				1115.9	1115.9			
西　藏	Tibet	808	251	434	14	109	28868.0	4341.5	22338.3	1234.7	953.5
陕　西	Shaanxi	5		5			41.1		41.1		
甘　肃	Gansu	7	3	3	1		100.6	22.0	13.6	65.0	
青　海	Qinghai	242	104	125	8	5	12826.5	2516.0	10193.8	103.7	13.0
宁　夏	Ningxia	15	11	4			101.3	57.1	44.3		
新　疆	Xinjiang	116	44	44	2	26	5919.8	2606.8	2682.2	15.8	615.1

① 面积大于或等于1km²。
② 有40个跨省湖泊在分省数据中有重复统计。
① The lake area is larger or equal to 1km².
② In the data by regions, 40 trans-provincial lakes are calculated twice.

1-9　海区海域及渔场面积
Areas of Sea and Fishing Ground

名　称 Name of the Sea	海域总面积 /千公顷 Total Area of the Sea /10³ha	大陆架渔场面积 /千公顷 Area of Fishing Ground of Continental Shelf /10³ha	深度/米 Depth/m	
			平均 Average	最大 Maximum
合　计　Total	472700	280000		
渤　海　Bo Hai	7700	7700	18	70
黄　海　Yellow Sea	38000	35300	44	140
东　海　East China Sea	77000	54900	370	2719
南　海　South China Sea	350000	182100	1212	5559

注　本表数据来源于《中国统计年鉴 2011》。

Source: *China Statistical Yearbook 2011.*

1-10 民族自治地方自然资源
Natural Resources of Autonomous Regions of Ethnic Groups

项　　　目	Item	2010	占全国百分数/% Percentage to National Total /%
总面积/万平方千米	Total Area /10^4km^2	611.73	63.72
牧区、半农半牧区草原面积/万公顷	Area of Grasslands in Pastoral and Semi-pastoral Areas /10^4ha	30000.00	75.00
森林面积/万公顷	Area of Forest /10^4ha	5648.00	42.20
森林蓄积量/亿立方米	National Forest Inventories /10^8m^3	52.49	51.80
水力资源蕴藏量/亿千瓦	Hydropower Resources /10^8kW	4.46	66.00

注　1. 本表数据来源于《中国统计年鉴2011》。
　　2. 除总面积外，其他资源为以前清查数，有待进一步勘测。

Note　1. Source: *China Statistical Yearbook 2011.*
　　2. Data of resources, except total area, were obtained from surveys in previous years, and are subject to further verification.

1-11 2015 年自然状况及水资源

Natural Conditions and Water Resources in 2015

项 目	Item	2015
国土	**Territory**	
国土面积/万平方千米	Area of Land/10^4km^2	960
海域面积/万平方千米	Area of Sea/10^4km^2	473
海洋平均深度/米	Average Depth of Sea/m	961
海洋最大深度/米	Maximum Depth of Sea/m	5377
岸线总长度/千米	Length of Coastline/km	32000
大陆岸线长度/千米	Continental Shore/km	18000
岛屿岸线长度/千米	Island Shore/km	14000
气候	**Climate**	
热量分布(积温≥0℃)	Distribution of Heat (Accumulated Temperature≥0℃)	
黑龙江北部及青藏高原	Northern Heilongjiang and Tibet Plateau	2000～2500
东北平原	Northeast Plain	3000～4000
华北平原	North China Plain	4000～5000
长江流域及以南地区	Yangtze River Basin and the Area to the South of it	5800～6000
南岭以南地区	Area to the South of Nanling Mountain	7000～8000
降水量/毫米	**Precipitation/mm**	
台湾中部山区	Mid-Taiwan Mountainous Region	≥4000
华南沿海	Coastal Region in South China	1600～2000
长江流域	Yangtze River Basin	1000～1500
华北、东北	North and Northeast China	400～800
西北内陆	Northwest Inland Area	100～200
塔里木盆地、吐鲁番盆地和柴达木盆地	Tarim Basin, Turpan Basin and Qaidam Basin	≤25
气候带面积比例(国土面积=100)	**Percentage of Climatic Zones to Total Area of Territory**	
湿润地区(干燥度＜1.0)	Humid Zone (aridity<1.0)	32
半湿润地区(干燥度=1.0～1.5)	Semi-Humid Zone (aridity 1.0-1.5)	15
半干旱地区(干燥度=1.5～2.0)	Semi-Arid Zone (aridity 1.5-2.0)	22
干旱地区(干燥度＞2.0)	Arid Zone (aridity>2.0)	31
水资源总量/亿立方米	**Total Water Availability/10^8m^3**	**27962.6**
地表水资源量	Surface Water	26900.8
地下水资源量	Groundwater	7797.0
地表水与地下水资源重复量	Duplicated Amount of Surface Water and Groundwater	6735.2
降水总量/亿立方米	**Total Precipitation/10^8m^3**	**62569.4**

注 1. 气候资料为多年平均值。

　　2. 岛屿面积未包括香港、澳门特别行政区和台湾省。

　　3. 本表部分数据来源于《中国统计年鉴2011》。

Note 1. The data of climate is climatological normals.

　　2. The area of islands does not include that of Hong Kong Special Administrative Region, Macao Special Administrative Region and Taiwan Province.

　　3. Parts of data in the table are sourced from *China Statistical Yearbook 2011*.

1-12　2015 年各地区降水量与 2014 年和常年值比较

Comparison of Precipitation of 2015 with 2014 and Normal Year, by Region

地区	Region	降水量 /毫米 Precipitation /mm	与2014年比较增减 /% Increase or Decrease Comparing to 2014 /%	与常年值比较增减 /% Increase or Decrease Comparing to Normal Year /%
合　计	**Total**	**660.8**	**3.7**	**2.8**
北　京	Beijing	583.0	32.9	-2.6
天　津	Tianjin	536.1	26.7	-6.8
河　北	Hebei	510.7	25.1	-3.9
山　西	Shanxi	480.6	-11.5	-5.5
内蒙古	Inner Mongolia	271.0	-3.2	-4.0
辽　宁	Liaoning	565.0	24.6	-16.7
吉　林	Jilin	590.8	14.0	-3.0
黑龙江	Heilongjiang	555.9	-1.3	4.2
上　海	Shanghai	1636.0	21.9	50.1
江　苏	Jiangsu	1257.1	20.4	26.4
浙　江	Zhejiang	2060.4	16.5	28.6
安　徽	Anhui	1362.8	6.6	16.2
福　建	Fujian	1992.9	16.9	18.8
江　西	Jiangxi	2075.4	24.4	26.7
山　东	Shandong	575.7	11.0	-15.3
河　南	Henan	704.1	-3.0	-8.7
湖　北	Hubei	1177.0	4.1	-0.2
湖　南	Hunan	1609.7	7.1	11.0
广　东	Guangdong	1875.7	10.9	5.9
广　西	Guangxi	1899.0	20.0	23.6
海　南	Hainan	1403.5	-29.6	-19.8
重　庆	Chongqing	1048.3	-17.5	-11.5
四　川	Sichuan	894.6	-3.4	-8.6
贵　州	Guizhou	1256.2	-1.3	6.6
云　南	Yunnan	1239.8	8.4	-3.1
西　藏	Tibet	506.8	-11.8	-11.4
陕　西	Shanxi	630.1	-10.2	-4.0
甘　肃	Gansu	270.2	-8.2	-10.3
青　海	Qinghai	289.4	-17.2	-0.4
宁　夏	Ningxia	287.8	-20.9	-0.3
新　疆	Xinjiang	179.0	22.9	15.6

1-13　2015年各水资源一级区降水量与2014年和常年值比较

Comparison of Precipitation of 2015 with 2014 and Normal Year in Grade-Ⅰ Water Resources Sub-region

水资源 一级区	Grade-Ⅰ Water Resources Sub-region	降水量 /毫米 Precipitation /mm	与2014年比较增减 /% Increase or Decrease Comparing to 2014 /%	与常年值比较增减 /% Increase or Decrease Comparing to Normal Year /%
全　国	Total	660.8	3.7	2.8
松花江区	Songhua River	505.0	−1.3	0.1
辽河区	Liaohe River	478.8	12.5	−12.2
海河区	Haihe River	517.2	21.0	−3.4
黄河区	Yellow River	411.8	−15.4	−7.7
淮河区	Huaihe River	811.6	3.5	−3.2
长江区	Yangtze River	1134.4	3.1	4.4
其中：太湖流域	Among Which: Taihu Lake	1623.7	25.4	36.9
东南诸河区	Rivers in Southeast	2054.6	15.6	23.8
珠江区	Pearl River	1745.9	11.4	12.7
西南诸河区	Rivers in Southwest	997.8	−3.8	−8.3
西北诸河区	Rivers in Northwest	170.2	9.3	5.6

1-14 2015年主要城市降水量

Monthly Precipitation of Major Cities in 2015

单位：毫米   unit: mm

城市	City	1月 Jan.	2月 Feb.	3月 Mar.	4月 Apr.	5月 May	6月 June	7月 July	8月 Aug.	9月 Sept.	10月 Oct.	11月 Nov.	12月 Dec.	全年 Total of the Year
北京	Beijing	0.4	11.2	7.7	34.5	35.0	42.2	107.4	82.6	87.2	19.0	29.6	1.8	458.6
天津	Tianjin	0.2	15.4	1.7	62.8	48.3	18.7	140.4	77.4	147.6	23.2	38.3	0.2	574.2
石家庄	Shijiazhuang	1.1	7.6	5.7	24.7	56.0	33.3	57.1	171.0	101.8	22.2	52.8	1.2	534.5
太原	Taiyuan	4.0	12.3	1.1	28.4	37.2	10.9	44.8	114.2	81.2	32.6	34.5	2.4	403.6
呼和浩特	Hohhot	2.9	8.2		26.0	15.2	57.7	61.3	27.1	106.2	9.6	46.7	1.0	361.9
沈阳	Shenyang	10.2	21.7	18.6	47.4	106.7	124.4	56.4	80.1	10.9	58.2	17.3	21.3	573.2
长春	Changchun	6.7	19.5	7.3	25.6	119.5	81.4	50.7	103.9	57.0	29.3	8.1	21.5	530.5
哈尔滨	Harbin	0.8	14.1	2.5	6.6	77.6	77.3	52.9	110.5	24.8	30.0	5.5	17.5	420.1
上海	Shanghai	61.1	81.1	96.4	108.9	131.4	486.4	173.1	125.6	140.4	49.1	113.9	81.4	1648.8
南京	Nanjing	29.9	58.1	104.8	121.6	96.1	661.5	258.0	187.4	63.6	61.6	110.7	12.3	1765.6
杭州	Hangzhou	66.9	147.1	157.6	206.5	115.4	330.8	349.5	268.0	121.0	47.9	212.4	108.8	2131.9
合肥	Hefei	36.3	65.9	68.4	120.0	110.3	368.7	193.0	104.5	50.2	35.4	100.0	5.5	1258.2
福州	Fuzhou	41.5	12.4	51.0	109.5	265.9	167.1	140.5	417.6	273.3	81.3	60.7	157.4	1778.2
南昌	Nanchang	23.8	163.4	177.6	182.2	232.0	493.3	237.8	95.6	95.4	92.4	293.3	117.9	2204.7
济南	Ji'nan	6.1	10.5	2.5	83.7	59.1	73.1	96.0	227.2	65.3	12.1	78.2		713.8
郑州	Zhengzhou	13.1	1.1	16.0	79.1	82.3	108.2	83.7	142.6	19.8	63.7	78.5	1.0	689.1
武汉	Wuhan	35.7	113.4	109.8	143.8	165.6	199.0	290.0	74.8	75.7	102.1	109.5	13.4	1432.8
长沙（望城）	Changsha(Wangcheng)	17.9	69.7	146.9	104.1	241.1	273.2	108.7	69.3	147.5	97.9	161.6	100.4	1538.3
广州	Guangzhou	55.9	40.9	27.2	116.4	805.6	251.8	441.2	342.7	116.4	123.0	44.7	106.1	2471.9
南宁	Nanning	37.4	22.5	42.3	43.5	99.0	79.8	235.3	242.8	131.8	56.6	98.1	133.2	1222.3
海口	Haikou	23.3	2.2	8.4	86.8	210.1	85.7	321.8	72.9	394.7	259.1	118.9	89.3	1673.2
重庆（沙坪坝）	Chongqing(Shapingba)	24.0	7.1	20.6	104.6	99.0	256.6	238.1	206.3	340.7	100.3	19.4	32.0	1448.7
成都（温江）	Chengdu(Wenjiang)	3.1	2.8	8.1	87.4	51.8	90.8	92.2	291.9	205.7	23.0	9.8	13.6	880.2
贵阳	Guiyang	33.7	10.9	31.6	81.4	290.3	353.9	116.6	192.0	67.5	167.3	31.7	53.9	1430.8
昆明	Kunming	115.2	9.3	27.1	44.7	37.1	280.1	114.5	262.8	69.8	150.3	46.1	33.7	1190.7
拉萨	Lhasa	5.5	18.9	0.1	8.7	9.6	60.5	63.8	134.8	37.3	0.5		0.3	340.0
西安（泾河）	Xi'an(Jinghe)	3.3	1.4	42.6	88.8	50.2	91.5	20.8	71.2	90.9	60.2	28.6	2.1	551.6
兰州（皋兰）	Lanzhou(Gaolan)	2.1	2.8	0.9	12.9	24.2	15.1	49.9	31.5	31.8	15.4	2.6	1.8	191.0
西宁	Xining	1.1	0.6	3.8	15.4	21.7	51.8	71.9	61.1	45.7	25.9	5.9	1.3	306.2
银川	Yinchuan	0.7			26.2	6.3	4.4	20.5	21.1	98.7	24.2	17.7	7.3	227.1
乌鲁木齐	Urumqi	15.0	15.0	14.5	55.0	23.7	74.3	3.8	53.9	36.5	33.4	32.7	51.1	408.9

注 本表数据来源于《中国统计年鉴2016》。

Source: *China Statistical Yearbook 2016.*

1-15 各流域片年平均降水量、径流量

Mean Annual Precipitation and Runoff by River Basin

各 流 域 片	River Basin	计算面积 /平方千米 Calculated Area /km²	多年平均[1] Mean Average[1]			
			年降水量 /毫米 Annual Precipitation /mm	年径流深 /毫米 Annual Runoff /mm	年降水总量 /亿立方米 Annual Precipitation /10⁸m³	年径流量 /亿立方米 Annual Runoff /10⁸m³
合计	Total	9545322	648	284	61889	27115
一、黑龙江流域片	Ⅰ. Heilong River Basin	903418	496	129	4476	1166
1. 嫩江	1. Nenjiang River	267817	450	94	1205	251
2. 第二松花江	2. Second Songhua River	78723	666	210	524	165
3. 松花江干流	3. Mainstream of Songhua River	210640	573	164	1206	346
松花江流域	Songhua River Basin	557180	527	137	2935	762
二、辽河流域片	Ⅱ. Liaohe River Basin	345027	551	141	1901	487
4. 辽河流域	4. Liaohe River Basin	228960	473	65	1082	148
5. 辽宁沿海诸河	5. Coastal Rivers of Liaoning Province	60740	639	207	388	126
三、海滦河流域片	Ⅲ. Hai-Luan Rivers Basin	318161	560	91	1781	288
6. 滦河(含冀东沿海诸河)	6. Luanhe River (Including Coastal Rivers in the East of Hebei Province)	54530	565	110	308	60
7. 海河北系	7. North System of Haihe River	83119	507	80	421	67
8. 海河南系	8. South System of Haihe River	148669	580	98	862	145
9. 徒骇马颊河	9. Tuhaimajia River	31843	597	52	190	17
海河流域	Haihe River Basin	263631	559	87	1473	228
四、黄河流域片	Ⅳ. Yellow River Basin	794712	464	83	3691	661
10. 湟水	10. Huangshui River	32863	502	153	165	50
11. 洮河	11. Taohe River	25527	603	208	154	53
12. 兰州以上干流区间	12. Mainstream above Lanzhou	164161	473	149	777	244
13. 兰州—河口镇	13. Lanzhou-Hekou Town	163415	271	9	443	14
黄河上游	Upper Reaches of Yellow River	385966	399	94	1539	362
14. 河口镇—龙门	14. Hekou Town-Longmen	111595	460	54	513	60
15. 汾河	15. Fenhe River	39471	530	67	209	27
16. 泾河	16. Jinghe River	45421	539	46	245	21
17. 洛河	17. Luohe River	26905	550	37	148	10
18. 渭河	18. Weihe River	62440	629	117	393	73
19. 龙门—三门峡干流区间	19. Mainstream of Longmen-Sanmenxia	16623	573	73	95	12

① 是指 1956—1979 年数据平均。

① It refers to the average in 1956-1979.

1-15　续表　continued

各　流　域　片	River Basin	计算面积 /平方千米 Calculated Area /km²	多年平均[①] Mean Average[①]			
			年降水量 /毫米 Annual Precipitation /mm	年径流深 /毫米 Annual Runoff /mm	年降水总量 /亿立方米 Annual Precipitation /10⁸m³	年径流量 /亿立方米 Annual Runoff /10⁸m³
20. 伊洛河	20. Yiluo River	18881	694	184	131	35
21. 沁河	21. Qinhe River	13532	642	136	87	18
22. 三门峡—花园口干流区间	22. Mainstream of Sanmenxia-Huayuankou	9202	648	133	60	12
黄河中游	Middle Reaches of Yellow River	344070	547	78	1881	267
23. 黄河下游	23. Lower Reaches of Yellow River	22407	674	130	151	29
黄河流域	Yellow River Basin	752443	475	88	3571	658
24. 鄂尔多斯内流区	24. Ordos Endorheic River Region	42269	284	8	120	3
五、淮河流域片	V. Huaihe River Basin	329211	860	225	2830	741
25. 淮河上中游	25. Upper and Middle Reaches of Huaihe River	160837	889	234	1430	376
26. 淮河下游	26. Lower Reaches of Huaihe River	30337	1015	258	308	78
27. 沂沭泗河	27. Yi-Shu-Si Rivers	78109	836	215	653	168
淮河流域	Huaihe River Basin	269283	889	231	2390	622
28. 山东沿海诸河	28. Coastal Rivers of Shandong Province	59928	733	199	439	119
六、长江流域片	VI. Yangtze River Basin	1808500	1071	526	19360	9513
29. 金沙江	29. Jinsha River	490650	706	313	3466	1535
30. 岷沱江	30. Min-Tuo Rivers	164766	1083	627	1785	1033
31. 嘉陵江	31. Jialing River	158776	965	443	1532	704
32. 乌江	32. Wujiang River	86976	1164	620	1012	539
33. 长江上游干流区间	33. Mainstream of Upper Reaches of Yangtze River	100504	1169	653	1175	656
长江上游	Upper Reaches of Yangtze River	1001672	896	446	8570	4467
34. 洞庭湖水系	34. Water System of Dongting Lake	262344	1414	767	3709	2012
35. 汉江	35. Hanjiang River	155204	900	361	1396	560
36. 鄱阳湖水系	36. Water System of Poyang Lake	162274	1598	853	2593	1384
37. 长江中游干流区间	37. Mainstream of Middle Reaches of Yangtze River	57069	1243	550	1207	534
长江中游	Middle Reaches of Yangtze River	676891	1316	663	8905	4490
38. 太湖水系	38. Water System of Taihu Lake	37464	1105	366	414	137
39. 长江下游干流区间	39. Mainstream of Lower Reaches of Yangtze River	92473	1158	453	1071	419
长江下游	Lower Reaches of Yangtze River	129937	1143	428	1485	556
七、珠江流域片	VII. Pearl River Basin	580641	1544	807	8967	4685
40. 南北盘江	40. South and North Panjiang River	82480	1122	467	925	385
41. 红水河与柳黔江	41. Hongshui River and Liuqian River	115525	1480	782	1710	903
42. 北江	42. Beijiang River	44725	1757	1096	786	490

1-15 续表 continued

各 流 域 片	River Basin	计算面积 /平方千米） Calculated Area /km²	多年平均^① Mean Average^①			
			年降水量 /毫米 Annual Precipitation /mm	年径流深 /毫米 Annual Runoff /mm	年降水总量 /亿立方米 Annual Precipitation /10⁸m³	年径流量 /亿立方米 Annual Runoff /10⁸m³
43. 东江	43. Dongjiang River	28191	1788	993	504	280
44. 珠江三角洲	44. Pearl River Delta	31443	1791	996	563	313
珠江流域	Pearl River Basin	444304	1469	751	6528	3338
45. 韩江	45. Hanjiang River	32457	1630	881	529	286
46. 粤东沿海诸河	46. Coastal Rivers of East Guangdong	13653	2058	1260	281	172
47. 桂南粤西沿海诸河	47. Coastal Rivers of South Guangxi and West Guangdong	56093	1836	1032	1030	579
48. 海南岛和南海诸岛	48. Hainan Island and South China Sea Islands	34134	1755	908	599	310
八、浙闽诸河片	VIII. Rivers in Zhejiang and Fujian	239803	1758	1066	4216	2557
49. 钱塘江(含浦阳江)	49. Qiantang River (Including Puyang River)	42156	1587	875	669	369
50. 浙东诸河	50. Rivers in East Zhejiang	18592	1442	715	268	133
51. 浙南诸河	51. Rivers in South Zhejiang	32775	1718	1062	563	348
52. 闽江	52. Minjiang River	60992	1710	961	1043	586
53. 闽东沿海诸河	53. Coastal Rivers of East Fujian	15394	1747	1156	269	178
54. 闽南诸河	54. Rivers in South Fujian	33913	1563	902	530	306
九、西南诸河片	IX. Rivers in Southwest	851406	1098	688	9346	5853
55. 藏南诸河	55. Rivers in South Tibet	155778	1689	1253	2631	1952
56. 藏西诸河	56. Rivers in West Tibet	57340	129	35	74	20
十、内陆诸河片	X. Inland Rivers	3321713	154	32	5113	1064
57. 内蒙古内陆河	57. Inland Rivers in Inner Mongolia	308067	254	4	783	12
58. 河西内陆河	58. Inland Rivers in Hexi Corridor Region Basin	488708	123	14	599	69
59. 准噶尔内陆河	59. Inland Rivers in Junggar	316530	168	40	532	125
60. 中亚细亚内陆河	60. Inland Rivers in Central Asia	93130	468	207	436	193
61. 青海内陆河	61. Inland Rivers in Qinghai	319286	138	23	441	72
62. 羌塘内陆河	62. Inland Rivers in Qiangtang	721182	170	34	1226	246

1-16 历 年 水 资 源 量

Water Resources by Year

年份 Year	水资源总量 /亿立方米 Total Available Water Resources /10⁸m³	地表水资源量 /亿立方米 Surface Water Resources /10⁸m³	地下水资源量 /亿立方米 Groundwater Resources /10⁸m³	地表水与地下 水资源重复量 /亿立方米 Duplicated Amount of Surface Water and Groundwater /10⁸m³	降水总量 /亿立方米 Total Precipitation /10⁸m³	人均水资源量 /立方米每人 Per Capita Water Resources /(m³/person)
1997	27855	26835	6942	5923	58169	2253
1998	34017	32726	9400	8109	67631	2723
1999	28196	27204	8387	7395	59702	2219
2000	27701	26562	8502	7363	60092	2194
2001	26868	25933	8390	7456	58122	2112
2002	28261	27243	8697	7679	62610	2207
2003	27460	26251	8299	7090	60416	2131
2004	24130	23126	7436	6433	56876	1856
2005	28053	26982	8091	7020	61010	2152
2006	25330	24358	7643	6671	57840	1932
2007	25255	24242	7617	6604	57763	1916
2008	27434	26377	8122	7065	62000	2071
2009	24180	23125	7267	6212	55966	1812
2010	30906	29798	8417	7308	65850	2310
2011	23257	22214	7215	6171	55133	1726
2012	29529	28373	8296	7141	65150	2186
2013	27958	26840	8081	6963	62674	2060
2014	27267	26264	7745	6742		1999
2015	27963	26901	7797	6735	62569	2039

1-17 多年平均水资源量（按地区分）
Mean Annual Water Resources (by Region)

地区	Region	平均年水资源总量 /亿立方米 Mean Annual Total Available Water Resources $/10^8m^3$	平均年地表水资源量 /亿立方米 Mean Annual Surface Water Resources $/10^8m^3$	平均年地下水资源量 /亿立方米 Mean Annual Groundwater Resources $/10^8m^3$	平均年地表水与地下水资源重复量 /亿立方米 Duplicated Amount of Surface Water and Groundwater $/10^8m^3$	平均年产水模数 /万立方米每平方千米 Mean Annual Water Generation Model $/(10^4m^3/km^2)$
全　国	Total	27460.3	26478.2	8149.0	7166.9	29.5
北　京	Beijing	40.8	25.3	26.2	10.7	24.3
天　津	Tianjin	14.6	10.8	5.8	2.0	12.9
河　北	Hebei	236.9	167.0	145.8	75.9	12.6
山　西	Shanxi	143.5	115.0	94.6	66.1	9.2
内蒙古	Inner Mongolia	506.7	371.0	248.3	112.6	4.4
辽　宁	Liaoning	363.2	325.0	105.5	67.3	25.0
吉　林	Jilin	390.0	345.0	110.1	65.1	20.7
黑龙江	Heilongjiang	775.8	647.0	269.3	140.5	16.6
上　海	Shanghai	26.9	18.6	12.0	3.7	43.5
江　苏	Jiangsu	325.4	249.0	115.3	38.9	31.9
浙　江	Zhejiang	897.1	885.0	213.3	201.2	88.1
安　徽	Anhui	676.8	617.0	166.6	106.8	48.5
福　建	Fujian	1168.7	1168.0	306.4	305.7	96.3
江　西	Jiangxi	1422.4	1416.0	322.6	316.2	85.1
山　东	Shandong	335.0	264.0	154.2	83.2	21.9
河　南	Henan	407.7	311.0	198.9	102.2	24.4
湖　北	Hubei	981.2	946.0	291.3	256.1	52.8
湖　南	Hunan	1626.6	1620.0	374.8	368.2	76.8
广　东	Guangdong	2134.1	2111.0	545.9	522.8	100.7
广　西	Guangxi	1880.0	1880.0	397.7	397.7	79.1
四　川	Sichuan	3133.8	3131.0	801.6	798.8	55.2
贵　州	Guizhou	1035.0	1035.0	258.9	258.9	58.8
云　南	Yunnan	2221.0	2221.0	738.0	738.0	57.9
西　藏	Tibet	4482.0	4482.0	1094.3	1094.3	37.3
陕　西	Shaanxi	441.9	420.0	165.1	143.2	21.5
甘　肃	Gansu	274.3	273.0	132.7	131.4	6.9
青　海	Qinghai	626.2	623.0	258.1	254.9	8.7
宁　夏	Ningxia	9.9	8.5	16.2	14.8	1.9
新　疆	Xinjiang	882.8	793.0	579.5	489.7	5.4

注　本表数据来源于《中国水资源评价》。

Source: *China Water Resources Evaluation Report.*

1-18 2015年水资源量（按地区分）

Water Resources in 2015 (by Region)

地区 Region		水资源总量 /亿立方米 Total Available Water Resources /$10^8 m^3$	地表水资源量 /亿立方米 Surface Water Resources /$10^8 m^3$	地下水资源量 /亿立方米 Groundwater Resources /$10^8 m^3$	地表水与地下水资源重复量 /亿立方米 Duplicated Amount of Surface Water and Groundwater /$10^8 m^3$	降水总量 /毫米 Total Precipitation /mm	人均水资源量 /立方米每人 Per Capita Water Resources /(m³/person)
全 国	Total	27962.6	26900.8	7797.0	6735.2	660.8	2039
北 京	Beijing	26.8	9.3	20.6	3.1	583.0	124
天 津	Tianjin	12.8	8.7	4.9	0.8	536.1	84
河 北	Hebei	135.1	50.9	113.6	29.4	510.7	182
山 西	Shanxi	94.0	53.8	86.4	46.2	480.6	257
内蒙古	Inner Mongolia	537.0	402.1	224.6	89.7	271.0	2141
辽 宁	Liaoning	179.0	152.0	83.2	56.2	565.0	408
吉 林	Jilin	331.3	272.0	127.4	68.1	590.8	1204
黑龙江	Heilongjiang	814.1	686.0	283.0	154.9	555.9	2130
上 海	Shanghai	64.1	55.3	11.7	2.9	1636.0	265
江 苏	Jiangsu	582.1	462.9	142.4	23.2	1257.1	731
浙 江	Zhejiang	1407.1	1390.4	269.8	253.1	2060.4	2547
安 徽	Anhui	914.1	850.2	193.7	129.8	1362.8	1495
福 建	Fujian	1325.9	1324.7	332.3	331.1	1992.9	3469
江 西	Jiangxi	2001.2	1983.0	465.0	446.8	2075.4	4394
山 东	Shandong	168.4	84.3	133.1	49.0	575.7	172
河 南	Henan	287.2	186.7	173.1	72.6	704.1	304
湖 北	Hubei	1015.6	986.3	279.6	250.3	1177.0	1741
湖 南	Hunan	1919.3	1912.4	432.4	425.5	1609.7	2839
广 东	Guangdong	1933.4	1923.4	461.4	451.4	1875.7	1792
广 西	Guangxi	2433.6	2432.2	467.3	465.9	1899.0	5096
海 南	Hainan	198.2	195.9	50.6	48.3	1403.5	2185
重 庆	Chongqing	456.2	456.2	103.3	103.3	1048.3	1519
四 川	Sichuan	2220.5	2219.4	584.0	582.9	894.6	2717
贵 州	Guizhou	1153.7	1153.7	282.2	282.2	1256.2	3279
云 南	Yunnan	1871.9	1871.9	607.5	607.5	1239.8	3959
西 藏	Tibet	3853.0	3853.0	803.0	803.0	506.8	120032
陕 西	Shaanxi	333.4	309.2	120.6	96.4	630.1	881
甘 肃	Gansu	164.8	157.3	100.9	93.4	270.2	635
青 海	Qinghai	589.3	570.1	273.6	254.4	289.4	10065
宁 夏	Ningxia	9.2	7.1	20.9	18.8	287.8	138
新 疆	Xinjiang	930.3	880.1	544.9	494.7	179.0	3995

1-19　2015 年水资源量（按水资源分区分）

Water Resources in 2015 (by Water Resources Sub-region)

水资源 一级区	Grade-I Water Resources Sub-region	水资源总量 /亿立方米 Total Available Water Resources /10⁸m³	地表水资源量 /亿立方米 Surface Water Resources /10⁸m³	地下水资源量 /亿立方米 Groundwater Resources /10⁸m³	地表水与地下水 资源重复量 /亿立方米 Duplicated Amount of Surface Water and Groundwater /10⁸m³	降水总量 /毫米 Total Precipitation /mm
全　国	**Total**	**27962.6**	**26900.8**	**7797.0**	**6735.2**	**660.8**
松花江区	Songhua River	1480.2	1275.8	473.6	269.2	505.0
辽河区	Liaohe River	303.6	226.4	162.7	85.5	478.8
海河区	Haihe River	260.3	108.4	213.6	61.7	517.2
黄河区	Yellow River	541.0	435.0	337.3	231.3	411.8
淮河区	Huaihe River	854.2	607.3	374.2	127.3	811.6
长江区	Yangtze River	10329.7	10190.0	2546.0	2406.3	1134.4
其中：太湖流域	Among Which: Taihu Lake	342.4	311.6	59.3	28.5	1623.7
东南诸河区	Rivers in Southeast	2548.2	2536.9	554.3	543.0	2054.6
珠江区	Pearl River	5337.0	5323.4	1162.5	1148.9	1745.9
西南诸河区	Rivers in Southwest	5014.3	5014.3	1176.4	1176.4	997.8
西北诸河区	Rivers in Northwest	1294.0	1183.3	796.4	685.7	170.2

1-20　2015 年河流水质状况（按水资源分区分）

Water Quality of Rivers of 2015 (by Water Resources Sub-region)

水资源 一级区	Grade-I Water Resources Sub-region	评价河长 /千米 Assessed River Length /km	分类河长占评价河长百分比/% Percentage of Classed River Length to the Total Assessed/%					
			I 类 Class-I	II 类 Class-II	III类 Class-III	IV类 Class-IV	V类 Class-V	劣V类 Inferior to Class-V
全　国	**Total**	**235024.2**	**8.1**	**44.3**	**21.8**	**9.9**	**4.2**	**11.7**
松花江区	Songhua River	14369.5		23.4	46.4	18.2	3.0	9.0
辽河区	Liaohe River	5273.7		35.3	16.4	14.6	9.7	24.0
海河区	Haihe River	14508.2	3.0	16.9	14.3	12.6	7.4	45.8
黄河区	Yellow River	27804.4	8.1	44.4	13.5	8.4	5.4	20.2
淮河区	Huaihe River	24569.8		11.5	33.6	26.7	8.1	20.1
长江区	Yangtze River	67686.6	7.3	47.3	24.2	8.6	5.0	7.6
其中：太湖流域	Among Which: Taihu Lake	5708.1	1.3	5.6	11.9	36.1	22.9	22.2
东南诸河区	Rivers in Southeast	12506.9	4.5	56.3	22.7	6.7	4.5	5.3
珠江区	Pearl River	27110.8	5.2	61.2	18.2	7.9	1.5	6.0
西南诸河区	Rivers in Southwest	20835.6	8.7	67.1	21.6	1.2	0.2	1.2
西北诸河区	Rivers in Northwest	20358.7	37.9	57.2	4.4	0.1	0.1	0.3

1-21　2015 年全国重点湖泊水质及富营养化状况

Water Quality and Eutrophication Condition of Lakes in 2015

湖泊名称 Lake	所属行政区 Region	水质类别 Water Quality	营养状况 Eutrophication Condition
太湖（含五里湖） Taihu Lake (Including Wuli Lake)	江苏 Jiangsu	IV Class-IV	中度富营养 Middleeutropher
白洋淀 Baiyangdian Lake	河北 Hebei	劣V Inferior to Class-V	中度富营养 Middleeutropher
洪泽湖 Hongze Lake	江苏 Jiangsu	IV Class-IV	轻度富营养 Lighteutropher
查干湖 Chagan Lake	吉林 Jilin	劣V Inferior to Class-V	中度富营养 Middleeutropher
骆马湖 Luoma Lake	江苏 Jiangsu	III Class-III	中营养 Mesotropher
高邮湖 Gaoyou Lake	江苏 Jiangsu	IV Class-IV	轻度富营养 Lighteutropher
巢湖 Chaohu Lake	安徽 Anhui	V Class-V	中度富营养 Middleeutropher
鄱阳湖 Poyang Lake	江西 Jiangxi	IV Class-IV	中营养 Mesotropher
南四湖 Nansihu Lakes	山东、江苏 Shandong，Jiangsu	III Class-III	轻度富营养 Lighteutropher
邵伯湖 Shaobo Lake	江苏 Jiangsu	IV Class-IV	轻度富营养 Lighteutropher
洪湖 Honghu Lake	湖北 Hubei	IV Class-IV	轻度富营养 Lighteutropher
长湖 Changhu Lake	湖北 Hubei	劣V Inferior to Class-V	轻度富营养 Lighteutropher
梁子湖 Liangzi Lake	湖北 Hubei	IV Class-IV	轻度富营养 Lighteutropher
龙感湖 Longgan Lake	湖北、安徽 Hubei，Anhui	IV Class-IV	轻度富营养 Lighteutropher
洞庭湖 Dongting Lake	湖南 Hunan	IV Class-IV	轻度富营养 Lighteutropher
宝应湖 Baoying Lake	江苏 Jiangsu	IV Class-IV	轻度富营养 Lighteutropher
滆湖 Gehu Lake	江苏 Jiangsu	V Class-V	中度富营养 Middleeutropher
石臼湖 Shijiu Lake	江苏、安徽 Jiangsu，Anhui	V Class-V	轻度富营养 Lighteutropher
大官湖黄湖 Daguanhuhuanghu Lake	安徽 Anhui	IV Class-IV	中营养 Mesotropher
菜子湖 Caizi Lake	安徽 Anhui	IV Class-IV	轻度富营养 Lighteutropher
南漪湖 Nanyi Lake	安徽 Anhui	III Class-III	轻度富营养 Lighteutropher

1-21 续表 continued

湖泊名称 Lake	所属行政区 Region	水质类别 Water Quality	营养状况 Eutrophication Condition
滇池 Dianchi Lake	云南 Yunnan	V Class-V	中度富营养 Middleeutropher
抚仙湖 Fuxian Lake	云南 Yunnan	II Class-II	中营养 Mesotropher
城西湖 Chengxi Lake	安徽 Anhui	IV Class-IV	轻度富营养 Lighteutropher
城东湖 Chengdong Lake	安徽 Anhui	IV Class-IV	轻度富营养 Lighteutropher
女山湖 Nushan Lake	安徽 Anhui	IV Class-IV	轻度富营养 Lighteutropher
洱海 Erhai Lake	云南 Yunnan	III Class-III	中营养 Mesotropher
纳木错 Namtso Lake	西藏 Tibet	劣V Inferior to Class-V	中营养 Mesotropher
普莫雍错 Pumoyongcuo Lake	西藏 Tibet	III Class-III	中营养 Mesotropher
羊卓雍错 Yangzhuoyongcuo Lake	西藏 Tibet	劣V Inferior to Class-V	中营养 Mesotropher
青海湖 Qinghai Lake	青海 Qinghai	II Class-II	中营养 Mesotropher
瓦埠湖 Wabu Lake	安徽 Anhui	IV Class-IV	轻度富营养 Lighteutropher
乌伦古湖 Wulungu Lake	新疆 Xinjiang	劣V Inferior to Class-V	中度富营养 Middleeutropher
赛里木湖 Sailimu Lake	新疆 Xinjiang	I Class-I	中营养 Mesotropher
博斯腾湖 Bosten Lake	新疆 Xinjiang	III Class-III	中营养 Mesotropher
泊湖 Pohu Lake	安徽 Anhui	III Class-III	中营养 Mesotropher
东平湖 Dongping Lake	山东 Shandong	III Class-III	轻度富营养 Lighteutropher
斧头湖 Futou Lake	湖北 Hubei	III Class-III	轻度富营养 Lighteutropher
班公错 Bangongcuo Lake	西藏 Tibet	II Class-II	中营养 Mesotropher
佩枯错 Peikucuo Lake	西藏 Tibet	劣V Inferior to Class-V	中营养 Mesotropher
克鲁克湖 Keluke Lake	青海 Qinghai	II Class-II	中营养 Mesotropher

主要统计指标解释

地表水资源量 河流、湖泊以及冰川等地表水体中可以逐年更新的动态水量，即天然河川径流量。

地下水资源量 地下饱和含水层逐年更新的动态水量，即降水和地表水入渗对地下水的补给量。

水资源总量 当地降水形成的地表和地下产水总量，即地表径流量与降水入渗补给量之和。

降水量 从天空降落到地面的液态或固态（经融化后）水，未经蒸发、渗透、流失而在地面上积聚的深度。其统计计算方法为：月降水量是将全月各日的降水量累加而得；年降水量是将 12 个月的月降水量累加而得。

径流量 在一定时段内通过河流某一过水断面的水量。计算公式为：径流量＝降水量－蒸发量。

内陆水域面积 江、河、湖泊、坑塘、塘堰、水库等各种流水或蓄水的水面占地面积。

流域面积 每条河流都有自己的干流和支流，干支流共同组成这条河流的水系。每条河流都有自己的集水区域，这个集水区域就称为该河流的流域，流域面积是该流域区域的总面积。

水质等级 水质等级根据《地表水环境质量标准》（GB 3838—2002）确定。依据地表水水域环境功能和保护目标，按功能高低依次划分为五类：

Ⅰ类：主要适用于源头水、国家自然保护区；

Ⅱ类：主要适用于集中式生活饮用水地表水源地一级保护区、珍稀水生生物栖息地、鱼虾类产场、仔稚幼鱼的索饵场等；

Ⅲ类：主要适用于集中式生活饮用水地表水源地二级保护区、鱼虾类越冬场、洄游通道、水产养殖区等渔业水域及游泳区；

Ⅳ类：主要适用于一般工业用水区及人体非直接接触的娱乐用水区；

Ⅴ类：主要适用于农业用水区及一般景观要求水域。

Explanatory Notes of Main Statistical Indicators

Surface water resources Dynamic quantity of water that is renewable year by year in surface water bodies such as rivers, lakes or glaciers; it also means the quantity of natural river runoff.

Groundwater resources Quantity of recharge of precipitation and surface water to the saturated rock and clay, including infiltration recharge of precipitation and surface water bodies of river courses, lakes, reservoirs, canal system and irrigation field.

Total Available water resources Total available surface and underground water that is formed by local precipitation, i.e. the sum of surface runoff and underground water infiltrated by precipitation recharge.

Precipitation Accumulative depth of water in liquid or solid (after melting) states from the sky to the ground without evaporation, infiltration and running off. Its calculation methods are as follows: monthly precipitation shall be the total sum of everyday rainfall in a month; annual precipitation shall be the total sum of rainfalls of twelve months.

Amount of runoff Water quantity runs through a water carrying section of a river during a fixed period of time. The calculation formula: runoff = precipitation – evaporation.

Inland water area Total land area occupied by running or stored water, including river, lake, pond, weir or reservoir etc.

Drainage area Each river has its own mainstream and tributaries that jointly form the water system of this river. Each river has its own water catchment area, and this catchment is called the river basin of this river. The area of a river basin is the total area of its catchments.

Classification of water quality Classification of water quality is based on *Environmental quality standards for surface water* (GB 3838-2002). Water quality is classified into five levels in sequence from high to low in line with environment functions and aims of protection of the surface water bodies.

Class-I water can be used as source of drinking water and national nature reserve.

Class-II water can be used as grade-I surface water source for centralized domestic drinking water supply, habitat of rare and endemic aquatic life, spawning ground for fish and shrimp, and feeding ground of juvenile and young fish.

Class-III water can be used as grade-II surface water source for centralized domestic drinking water supply, wintering or migratory passage of fish and shrimp, water bodies used for fishery such as aquiculture and swimming.

Class-IV water can be used for industries and recreation without direct contact with human bodies.

Class-V water can be used for irrigation and landscape watering.

2 江河治理

River Regulation

简 要 说 明

江河治理统计资料主要包括水库数量、水库总库容、堤防长度与等级划分、水闸数量与类型、除涝面积以及除涝标准。

江河治理资料按水资源一级分区和地区分组。水库、堤防、水闸、除涝等历史数据汇总1974年至今的数据。

1. 水库统计范围为已建成水库，包括水利、电力、城建等部门建设的水库。因2007年湖南省对小型水库数量进行调减，因此对2000—2006年水库数量与库容进行相应调减。

2. 堤防统计范围为已建成或基本建成的河堤、湖堤、海堤、江堤、分洪区和行洪区围堤等各种堤防，生产堤、渠堤、排涝堤不做统计。本年鉴堤防长度为五级及以上堤防长度。

3. 水闸统计范围为江河、湖泊上的防洪、分洪、节制、挡潮、排涝、引水灌溉等各种类型水闸，水库枢纽等建筑物上的水闸不包括在内。水闸流量不够10立方米每秒，不做统计。2012年始，水闸数量统计口径为水闸流量达到5立方米每秒。

4. 洪灾、旱灾及防治状况历史资料汇总1949年以来的数据，按地区整理。

5. 2012年，水库、堤防、水闸相关指标已与2011年水利普查数据进行了衔接。

Brief Introduction

Statistical data of rivers regulation mainly includes number of reservoirs, total storage capacity, embankment length and grade division, number and types of sluices and gates, drainage area and standard.

The data of river regulation is divided into groups in accordance with regions and basins. Historical data of reservoirs, embankments, water gates, waterlogging prevention areas is collected from 1974 until present.

1. The statistical data of reservoirs also covers reservoirs built by department of electricity or urban construction despite of water department. Due to the reduction for the number of small reservoirs of Hunan Province in 2007, the number of reservoirs and storage capacity in 2000-2006 were reduced accordingly.

2. The statistical scope of embankment covers various types such as river embankment and levee, lake embankment, sea dyke, embankment for flood retention and discharge basins, excluding embankment for production, canal and drainage purposes. The data of the length of embankment and dyke is about from Grade-I to Grade-V.

3. The statistical scope of sluice and gate covers various types of sluices and gates on rivers or lakes, such as those for flood control and flood diversion, control gate and tidal gate, and gate for drainage and irrigation. The gates built on the reservoirs are not included. The gates with a flow lower than 10 m^3/s are not included. Since 2012, only the gates with a flow higher than 5 m^3/s are included.

4. Historical data of flood and drought disasters, and summary of prevention and control status are collected from 1949 until present and classified according to regions.

5. The data of reservoir, embankment and sluice and gate in 2012 is integrated with the First National Census for Water in 2011.

2-1 主 要 指 标
Key Indicators

指标名称 Item	单位	unit	2008	2009	2010	2011	2012	2013	2014	2015
水库 Reservoir	座	unit	86353	87151	87873	88605	97543	97721	97735	97988
总库容 Total Storage	亿立方米	$10^8 m^3$	6924	7064	7162	7201	8255	8298	8394	8581
大型 Large Reservoir	座	unit	529	544	552	567	683	687	697	707
总库容 Total Storage	亿立方米	$10^8 m^3$	5386	5506	5594	5602	6493	6529	6617	6812
中型 Medium Reservoir	座	unit	3181	3259	3269	3346	3758	3774	3799	3844
总库容 Total Storage	亿立方米	$10^8 m^3$	910	921	930	954	1064	1070	1075	1068
小型 Small Reservoir	座	unit	82643	83348	84052	84692	93102	93260	93239	93437
总库容 Total Storage	亿立方米	$10^8 m^3$	628	636	638	645	698	700	702	701
堤防 Embankment and Dyke	千米	km	286896	291420	294104	299911	271661	276823	284425	291417
保护耕地面积 Protected Cultivated Area	千公顷	$10^3 ha$	45712	46547	46831	42625	42597	42573	42794	40844
保护人口 Protected Population	万人	$10^4 persons$	57289	58978	59853	57216	56566	57138	58584	58608
水闸 Water Gate	座	unit	43829	42523	43300	44306	97256	98192	98686	103964
大型 Large Gate	座	unit	504	565	567	599	862	870	875	888
中型 Medium Gate	座	unit	4182	4661	4692	4767	6308	6336	6360	6401
小型 Small Gate	座	unit	39143	37297	38041	38942	90086	90986	91451	96675
除涝面积 Drainage Area	千公顷	$10^3 ha$	21425	21584	21692	21722	21857	21943	22369	22713

2-2　历年已建成水库数量、库容和耕地灌溉面积

Number, Storage Capacity and Effective Irrigated Area of Completed Reservoirs by Year

年份 Year	已建成水库 Completed Reservoirs			大 型 水 库 Large Reservoir			中 型 水 库 Medium Reservoir			小 型 水 库 Small Reservoir		
	座数 /座 Number /unit	总库容 /亿立方米 Total Storage Capacity /$10^8 m^3$	耕地灌溉面积 /千公顷 Effective Irrigated Area /10^3ha	座数 /座 Number /unit	总库容 /亿立方米 Total Storage Capacity /$10^8 m^3$	耕地灌溉面积 /千公顷 Effective Irrigated Area /10^3ha	座数 /座 Number /unit	总库容 /亿立方米 Total Storage Capacity /$10^8 m^3$	耕地灌溉面积 /千公顷 Effective Irrigated Area /10^3ha	座数 /座 Number /unit	总库容 /亿立方米 Total Storage Capacity /$10^8 m^3$	耕地灌溉面积 /千公顷 Effective Irrigated Area /10^3ha
1977	81501	3948	16210	308	2887	7115	2129	558	3895	79064	503	5199
1978	84585	4012	16418	311	2896	7075	2205	585	4058	82069	531	5285
1979	86132	4081	16806	319	2945	7159	2252	593	4164	83561	543	5483
1980	86822	4130	15989	326	2975	6255	2298	605	4213	84198	550	5522
1981	86881	4169	15806	328	2989	6080	2333	622	4253	84220	558	5473
1982	86900	4188	15943	331	2994	6217	2353	632	4318	84216	562	5408
1983	86567	4208	15671	335	3007	6081	2367	640	4251	83865	561	5339
1984	84998	4292	15833	338	3068	6280	2387	658	4232	82273	566	5321
1985	83219	4301	15760	340	3076	6407	2401	661	4206	80478	564	5147
1986	82716	4432	15749	350	3199	6408	2115	666	4189	79951	567	5153
1987	82870	4475	15902	353	3233	6449	2428	672	4257	80089	570	5196
1988	82937	4504	15801	355	3252	6399	2462	681	4201	80120	571	5201
1989	82848	4617	15826	358	3357	6409	2480	688	4254	80010	572	5163
1990	83387	4660	15809	366	3397	6431	2499	690	4205	80522	573	5173
1991	83799	4678		367	3400		2524	698		80908	579	
1992	84130	4688		369	3407		2538	700		81223	580	
1993	84614	4717		374	3425		2562	707		81678	583	
1994	84558	4751		381	3456		2572	713		81605	582	
1995	84775	4797		387	3493		2593	719		81795	585	
1996	84905	4571		394	3260		2618	724		81893	587	
1997	84837	4583		397	3267		2634	729		81806	587	
1998	84944	4930		403	3595		2653	736		81888	598	
1999	85119	4499		400	3164		2681	743		82039	593	
2000	83260	5183		420	3843		2704	746		80136	593	
2001	83542	5280		433	3927		2736	758		80373	595	
2002	83960	5594		445	4230		2781	768		80734	596	
2003	84091	5657		453	4279		2827	783		80811	596	
2004	84363	5541		460	4147		2869	796		81034	598	
2005	84577	5623		470	4197		2934	826		81173	601	
2006	85249	5841		482	4379		3000	852		81767	610	
2007	85412	6345		493	4836		3110	883		81809	625	
2008	86353	6924		529	5386		3181	910		82643	628	
2009	87151	7064		544	5506		3259	921		83348	636	
2010	87873	7162		552	5594		3269	930		84052	638	
2011	88605	7201		567	5602		3346	954		84692	645	
2012	97543	8255		683	6493		3758	1064		93102	698	
2013	97721	8298		687	6529		3774	1070		93260	700	
2014	97735	8394		697	6617		3799	1075		93239	702	
2015	97988	8581		707	6812		3844	1068		93437	701	

2-3 2015 年已建成水库数量和库容（按地区分）

Number and Storage Capacity of Completed Reservoirs in 2015 (by Region)

地区 Region		已建成水库 Completed Reservoirs		大 型 水 库 Large Reservoir		中 型 水 库 Medium Reservoir		小 型 水 库 Small Reservoir	
		座数 /座 Number /unit	总库容 /亿立方米 Total Storage Capacity /10^8m^3	座数 /座 Number /unit	总库容 /亿立方米 Total Storage Capacity /10^8m^3	座数 /座 Number /unit	总库容 /亿立方米 Total Storage Capacity /10^8m^3	座数 /座 Number /unit	总库容 /亿立方米 Total Storage Capacity /10^8m^3
合　计	Total	97988	8581	707	6812	3844	1068	93437	701
北　京	Beijing	87	52	3	46	17	5	67	1
天　津	Tianjin	28	26	3	22	11	3	14	1
河　北	Hebei	1082	206	23	182	47	17	1012	8
山　西	Shanxi	601	69	12	40	68	20	521	9
内蒙古	Inner Mongolia	613	103	15	61	89	31	509	11
辽　宁	Liaoning	803	364	35	334	77	20	691	10
吉　林	Jilin	1624	325	19	284	102	28	1503	14
黑龙江	Heilongjiang	1139	268	28	220	97	31	1014	17
上　海	Shanghai								
江　苏	Jiangsu	1079	35	6	13	47	13	1026	10
浙　江	Zhejiang	4334	444	33	370	158	46	4143	28
安　徽	Anhui	5877	325	16	263	113	31	5748	31
福　建	Fujian	3683	194	21	116	184	49	3478	29
江　西	Jiangxi	10815	306	28	176	260	64	10527	66
山　东	Shandong	6418	212	38	128	205	49	6175	35
河　南	Henan	2653	420	25	367	121	32	2507	21
湖　北	Hubei	6556	1263	77	1135	282	79	6197	48
湖　南	Hunan	14097	497	43	334	358	92	13696	71
广　东	Guangdong	8397	448	37	290	342	94	8018	64
广　西	Guangxi	4545	658	57	547	229	64	4259	48
海　南	Hainan	1112	75	10	42	74	21	1028	12
重　庆	Chongqing	3003	120	17	77	93	25	2893	19
四　川	Sichuan	8093	381	36	277	196	57	7861	47
贵　州	Guizhou	2343	292	22	240	103	31	2218	21
云　南	Yunnan	6230	742	34	637	257	64	5939	40
西　藏	Tibet	105	29	7	26	12	2	86	1
陕　西	Shaanxi	1095	87	11	48	76	28	1008	11
甘　肃	Gansu	381	96	9	80	42	11	330	6
青　海	Qinghai	203	319	10	314	13	3	180	2
宁　夏	Ningxia	321	29	1	7	34	14	286	8
新　疆	Xinjiang	671	195	31	136	137	46	503	13

2-4 2015 年已建成水库数量和库容（按水资源分区分）

Number and Storage Capacity of Completed Reservoirs in 2015
(by Water Resources Sub-region)

水资源 一级区	Grade-I Water Resources Sub-region	已建成水库 Completed Reservoirs		大 型 水 库 Large Reservoir		中 型 水 库 Medium Reservoir		小 型 水 库 Small Reservoir	
		座数 /座 Number /unit	总库容 /亿立方米 Total Storage Capacity /10⁸m³	座数 /座 Number /unit	总库容 /亿立方米 Total Storage Capacity /10⁸m³	座数 /座 Number /unit	总库容 /亿立方米 Total Storage Capacity /10⁸m³	座数 /座 Number /unit	总库容 /亿立方米 Total Storage Capacity /10⁸m³
合 计	**Total**	**97988**	**8581**	**707**	**6812**	**3844**	**1068**	**93437**	**701**
松花江区	Songhua River	2738	614	49	521	200	61	2489	31
辽河区	Liaohe River	1101	421	45	373	121	34	935	14
海河区	Haihe River	1963	334	36	271	160	45	1767	18
黄河区	Yellow River	3176	830	37	721	220	70	2919	39
淮河区	Huaihe River	9627	508	59	373	292	79	9276	56
长江区	Yangtze River	52079	3244	254	2531	1494	400	50331	314
东南诸河区	Rivers in Southeast	7663	627	50	481	333	92	7280	55
珠江区	Pearl River	16201	1226	111	888	724	200	15366	139
西南诸河区	Rivers in Southwest	2490	556	30	509	129	32	2331	17
西北诸河区	Rivers in Northwest	950	219	36	146	171	56	743	17

2-5　2015 年已建成水库数量和库容（按水资源分区和地区分）

Number and Storage Capacity of Completed Reservoirs in 2015
(by Water Resources Sub-region and Region)

地区 Region		已建成水库 Completed Reservoirs		大 型 水 库 Large Reservoir		中 型 水 库 Medium Reservoir		小 型 水 库 Small Reservoir	
		座数/座 Number /unit	总库容/亿立方米 Total Storage Capacity /10⁸m³	座数/座 Number /unit	总库容/亿立方米 Total Storage Capacity /10⁸m³	座数/座 Number /unit	总库容/亿立方米 Total Storage Capacity /10⁸m³	座数/座 Number /unit	总库容/亿立方米 Total Storage Capacity /10⁸m³
松花江区	**Songhua River**	**2738**	**614**	**49**	**521**	**200**	**61**	**2489**	**31**
内蒙古	Inner Mongolia	67	25	3	18	14	6	50	1
吉 林	Jilin	1532	320	18	283	89	25	1425	13
黑龙江	Heilongjiang	1139	268	28	220	97	31	1014	17
辽河区	**Liaohe River**	**1101**	**421**	**45**	**373**	**121**	**34**	**935**	**14**
内蒙古	Inner Mongolia	214	52	9	38	31	11	174	3
辽 宁	Liaoning	795	364	35	334	77	20	683	10
吉 林	Jilin	92	5	1	1	13	3	78	1
海河区	**Haihe River**	**1963**	**334**	**36**	**271**	**160**	**45**	**1767**	**18**
北 京	Beijing	87	52	3	46	17	5	67	1
天 津	Tianjin	28	26	3	22	11	3	14	1
河 北	Hebei	1082	206	23	182	47	17	1012	8
山 西	Shanxi	248	26	4	13	34	9	210	4
内蒙古	Inner Mongolia	37	2	1	1	6	1	30	0.3
辽 宁	Liaoning	8	0.1					8	0.1
山 东	Shandong	234	8			27	5	207	3
河 南	Henan	239	13	2	7	18	5	219	1
黄河区	**Yellow River**	**3176**	**830**	**37**	**721**	**220**	**70**	**2919**	**39**
山 西	Shanxi	353	43	8	27	34	11	311	6
内蒙古	Inner Mongolia	226	17	1	1	28	11	197	5
山 东	Shandong	972	50	3	41	23	5	946	5
河 南	Henan	406	258	6	251	19	3	381	4
陕 西	Shaanxi	559	38	5	9	57	22	497	7
甘 肃	Gansu	167	80	4	74	16	3	147	3
青 海	Qinghai	172	315	9	312	9	2	154	2
宁 夏	Ningxia	321	29	1	7	34	14	286	8
淮河区	**Huaihe River**	**9627**	**508**	**59**	**373**	**292**	**79**	**9276**	**56**
江 苏	Jiangsu	499	20	3	9	20	6	476	5
安 徽	Anhui	2386	213	7	184	59	17	2320	13
山 东	Shandong	5212	153	35	87	155	39	5022	27
河 南	Henan	1530	121	14	93	58	17	1458	12

2-5 续表 continued

地区	Region	已建成水库 Completed Reservoirs		大型水库 Large Reservoir		中型水库 Medium Reservoir		小型水库 Small Reservoir	
		座数 /座 Number /unit	总库容 /亿立方米 Total Storage Capacity /10⁸m³	座数 /座 Number /unit	总库容 /亿立方米 Total Storage Capacity /10⁸m³	座数 /座 Number /unit	总库容 /亿立方米 Total Storage Capacity /10⁸m³	座数 /座 Number /unit	总库容 /亿立方米 Total Storage Capacity /10⁸m³
长江区	**Yangtze River**	**52079**	**3244**	**254**	**2531**	**1494**	**400**	**50331**	**314**
上 海	Shanghai								
江 苏	Jiangsu	580	15	3	3	27	6	550	5
浙 江	Zhejiang	354	10	4	6	9	3	341	1
安 徽	Anhui	3491	112	9	79	54	15	3428	18
江 西	Jiangxi	10815	306	28	176	260	64	10527	66
河 南	Henan	478	27	3	16	26	8	449	3
湖 北	Hubei	6556	1263	77	1135	282	79	6197	48
湖 南	Hunan	13905	494	43	334	349	90	13513	70
广 西	Guangxi	131	7	1	1	13	4	117	1
重 庆	Chongqing	3003	120	17	77	93	25	2893	19
四 川	Sichuan	8093	381	36	277	196	57	7861	47
贵 州	Guizhou	1835	276	17	236	77	24	1741	16
云 南	Yunnan	2268	181	8	150	83	18	2177	14
陕 西	Shaanxi	536	49	6	39	19	6	511	4
甘 肃	Gansu	30	2	2	1	5	1	23	
青 海	Qinghai	4	0.4			1	0.2	3	0.2
东南诸河区	**Rivers in Southeast**	**7663**	**627**	**50**	**481**	**333**	**92**	**7280**	**55**
浙 江	Zhejiang	3980	434	29	364	149	43	3802	27
安 徽	Anhui								
福 建	Fujian	3683	194	21	116	184	49	3478	29
珠江区	**Pearl River**	**16201**	**1226**	**111**	**888**	**724**	**200**	**15366**	**139**
湖 南	Hunan	192	2			9	1	183	1
广 东	Guangdong	8397	448	37	290	342	94	8018	64
广 西	Guangxi	4414	652	56	546	216	60	4142	46
海 南	Hainan	1112	75	10	42	74	21	1028	12
贵 州	Guizhou	508	16	5	4	26	7	477	5
云 南	Yunnan	1578	34	3	7	57	17	1518	10
西南诸河区	**Rivers in Southwest**	**2490**	**556**	**30**	**507**	**129**	**32**	**2331**	**17**
云 南	Yunnan	2384	527	23	481	117	30	2244	16
西 藏	Tibet	105	29	7	26	12	2	86	1
青 海	Qinghai	1	0.1					1	0.1
西北诸河区	**Rivers in Northwest**	**950**	**219**	**36**	**146**	**171**	**56**	**743**	**17**
内蒙古	Inner Mongolia	69	6	1	2	10	3	58	1
甘 肃	Gansu	184	14	3	5	21	7	160	2
青 海	Qinghai	26	4	1	3	3	1	22	0.4
新 疆	Xinjiang	671	149	31	136	137	46	503	13

2-6 历年堤防长度、保护耕地、保护人口和达标长度

Length of Embankment and Dyke, Protected Farmland and Population, Length of Up-to-standard Embankment and Dyke by Year

年份 Year	长度 /千米 Length /km	保护耕地 /千公顷 Protected Farmland /10³ha	保护人口 /万人 Protected Population /10⁴ persons	累计达标 堤防长度 /千米 Accumulated Up-to-standard Embankment and Dyke /km	#1级、2级 堤防 Grade-I and Grade-II Embankment and Dyke	新增达标 堤防长度 /千米 Newly-increased Up-to-standard Embankment and Dyke /km	主要堤防 Key Embankment & Dyke 长度 /千米 Length /km	保护面积 /千公顷 Protected Farmland Area /10³ha	一般堤防 General Embankment & Dyke 长度 /千米 Length /km	保护面积 /千公顷 Protected Farmland Area /10³ha
1977	165774	32197					43110	20990	122664	11207
1978	164585	31924					44024	21235	120561	10689
1979	168276	32086					43349	20374	124927	11712
1980	170645	33621					43257	22363	127388	11258
1981	170644	33621					43256	22363	127388	11258
1982	170645	33621					43256	22363	127389	11258
1983	175499	33882					46125	22335	129374	11547
1984	178958	35459					53046	22912	125912	12547
1985	177048	31060					53739	20714	123309	10346
1986	185045	31665					55706	21279	129339	10387
1987	200175	32205					56067	21131	144108	11073
1988	203709	32330					56267	21115	147442	11215
1989	216979	31966					56634	20785	160345	11180
1990	225770	31616					57499	20954	168271	10661
1991	237746	29507					59536	18257	178210	11251
1992	242246	29565					60112	18521	182134	11044
1993	245130	30885					61140	18639	183990	12246
1994	245876	30246					61803	18337	184073	11910
1995	246680	30609					63423	18777	183257	11833
1996	248243	32686					64706	21638	183537	11048
1997	250815	40476					65729	26982	185086	13493
1998	258600	36289					69879	24840	188721	11449
1999	266278	38575					74021	26014	192257	12561
2000	270364	39595	46586				76769	27458	193595	12137
2001	273401	40671	47939	76532	15875	8369				
2002	273786	42862	50049	82395	21181	11426				
2003	275171	43875	51304	88030	22854	5634				
2004	277305	43934	53065	94634	22679	6647				
2005	277450	44121	54174	98147	23240	3856				
2006	280850	45486	55403	106334	23609	5883				
2007	283770	45518	56487	109349	24347	4243				
2008	286896	45712	57289	112837	25309	5115				
2009	291420	46547	58978	116739	26256	4515				
2010	294104	46831	59853	121440	27865	4697				
2011	299911	42625	57216	128557	28419	7413				
2012	271661	42597	56566	177490	27949	11080				
2013	276823	42573	57138	179763	29452	9170				
2014	284425	42794	58584	188681	30382	9098				
2015	291417	40844	58608	196536	31164	8005				

2-7 2015 年堤防长度、保护耕地、保护人口和达标长度（按地区分）

Length of Embankment and Dyke, Protected Farmland and Population, Length of Up-to-standard Embankment and Dyke in 2015 (by Region)

地区 Region	长度 /千米 Length /km	保护耕地 /千公顷 Protected Farmland /10³ha	保护人口 /万人 Protected Population /10⁴persons	累计达标堤防长度 /千米 Accumulated Length of Up-to-standard Embankment and Dyke /km	#1级、2级堤防 Grade-I and Grade-II Embankment and Dyke	新增达标堤防长度 /千米 Newly-increased Length of Up-to-standard Embankment and Dyke /km
合 计 Total	291417	40844	58608	196536	31164	8005
北 京 Beijing	1425	205	342	1311	515	5
天 津 Tianjin	2164	376	1326	973	767	26
河 北 Hebei	10141	3794	4235	4666	1606	132
山 西 Shanxi	6393	575	975	4820	514	129
内蒙古 Inner Mongolia	6314	1619	1206	4703	1177	487
辽 宁 Liaoning	12230	1461	1938	10285	2306	318
吉 林 Jilin	7355	1297	1017	4183	1402	285
黑龙江 Heilongjiang	12971	3632	1567	5150	928	307
上 海 Shanghai	2091	188	861	1910	895	104
江 苏 Jiangsu	50149	2827	4822	40042	4665	224
浙 江 Zhejiang	18675	1321	3558	15406	1035	748
安 徽 Anhui	21339	2777	3538	13100	2750	177
福 建 Fujian	4446	596	1504	3493	235	280
江 西 Jiangxi	7320	907	1832	3916	323	274
山 东 Shandong	22699	4048	4472	16937	3750	95
河 南 Henan	15611	3524	4622	10618	1522	144
湖 北 Hubei	17796	3008	3672	5016	1344	139
湖 南 Hunan	12393	1703	2232	4102	1075	229
广 东 Guangdong	21580	1133	5384	12298	2232	408
广 西 Guangxi	2488	268	1073	1637	119	206
海 南 Hainan	661	120	325	466	37	19
重 庆 Chongqing	1874	136	732	1767	59	217
四 川 Sichuan	5262	809	2248	4736	195	402
贵 州 Guizhou	2630	302	749	2570	207	222
云 南 Yunnan	6154	492	924	5196	81	478
西 藏 Tibet	1599	32	72	1441	98	269
陕 西 Shaanxi	5090	599	1081	4257	760	384
甘 肃 Gansu	6024	422	876	5690	292	598
青 海 Qinghai	1341	52	127	1299	150	197
宁 夏 Ningxia	888	166	211	817		14
新 疆 Xinjiang	4311	2453	1090	3731	125	489

2-8 2015年堤防长度、保护耕地、保护人口和达标长度
（按水资源分区分）

Length of Embankment and Dyke, Protected Farmland and Population,
Length of Up-to-standard Embankment and Dyke in 2015
(by Water Resources Sub-region)

水资源 一级区 Grade-I Water Resources Sub-region	长度 /千米 Length /km	保护耕地 /千公顷 Protected Farmland /10³ha	保护人口 /万人 Protected Population /10⁴ persons	累计达标 堤防长度 /千米 Accumulated Length of Up-to-standard Embankment and Dyke /km	#1级、2级 堤防 Grade-I and Grade-II Embankment and Dyke	新增达标 堤防长度 /千米 Newly-increased Length of Up-to-standard Embankment and Dyke /km
合 计 Total	291417	40844	58608	196536	31164	8005
松花江区 Songhua River	21197	5152	2820	10436	2499	679
辽河区 Liaohe River	15088	2046	2438	11884	2758	443
海河区 Haihe River	22618	6039	7740	13075	4570	231
黄河区 Yellow River	18141	2575	3433	15498	2730	994
淮河区 Huaihe River	71124	9082	11015	53629	7310	414
长江区 Yangtze River	90765	9745	17947	54562	7878	2395
东南诸河区 Rivers in Southeast	14448	1504	4132	11554	673	773
珠江区 Pearl River	27448	1708	7167	16627	2405	787
西南诸河区 Rivers in Southwest	4343	293	498	3932	98	566
西北诸河区 Rivers in Northwest	6243	2699	1419	5338	243	723

2-9　2015年堤防长度、保护耕地、保护人口和达标长度
（按水资源分区和地区分）

Length of Embankment and Dyke, Protected Farmland and Population, Length of Up-to-standard Embankment and Dyke in 2015
(by Water Resources Sub-region and Region)

地区 Region		长度 /千米 Length /km	保护耕地 /千公顷 Protected Farmland /10³ha	保护人口 /万人 Protected Population /10⁴persons	累计达标 堤防长度 /千米 Accumulated Length of Up-to-standard Embankment and Dyke /km	#1级、2级 堤防 Grade-Ⅰ and Grade-Ⅱ Embankment and Dyke	新增达标 堤防长度 /千米 Newly-increased Length of Up-to-standard Embankment and Dyke /km
松花江区	**Songhua River**	**21197**	**5152**	**2820**	**10436**	**2499**	**679**
内蒙古	Inner Mongolia	1370	374	365	1361	196	92
吉　林	Jilin	6856	1146	887	3925	1376	281
黑龙江	Heilongjiang	12971	3632	1567	5150	928	307
辽河区	**Liaohe River**	**15088**	**2046**	**2438**	**11884**	**2758**	**443**
内蒙古	Inner Mongolia	2448	435	375	1459	428	143
辽　宁	Liaoning	12141	1461	1933	10167	2304	296
吉　林	Jilin	499	150	130	258	26	5
海河区	**Haihe River**	**22618**	**6039**	**7740**	**13075**	**4570**	**231**
北　京	Beijing	1425	205	342	1311	515	5
天　津	Tianjin	2164	376	1326	973	767	26
河　北	Hebei	10141	3794	4235	4666	1606	132
山　西	Shanxi	2025	188	292	1430	213	38
内蒙古	Inner Mongolia	98	3	36	96		
辽　宁	Liaoning	89	1	5	118	3	22
山　东	Shandong	5630	1134	1064	3912	1263	9
河　南	Henan	1045	339	441	570	203	
黄河区	**Yellow River**	**18141**	**2575**	**3433**	**15498**	**2730**	**994**
山　西	Shanxi	4368	387	683	3390	301	91
内蒙古	Inner Mongolia	2078	797	383	1527	553	180
山　东	Shandong	924	166	194	650	39	22
河　南	Henan	2568	427	596	2217	835	19
陕　西	Shaanxi	3051	441	793	2529	694	161
甘　肃	Gansu	3235	176	498	3347	167	346
青　海	Qinghai	1030	17	75	1021	140	162
宁　夏	Ningxia	888	166	211	817		14
淮河区	**Huaihe River**	**71124**	**9082**	**11015**	**53629**	**7310**	**414**
江　苏	Jiangsu	33857	1848	2383	26327	2652	198
安　徽	Anhui	10011	1980	2175	7786	1726	44
山　东	Shandong	16145	2748	3214	12376	2448	64
河　南	Henan	11112	2505	3242	7140	484	107

2-9 续表 continued

地区 Region		长度 /千米 Length /km	保护耕地 /千公顷 Protected Farmland /10³ha	保护人口 /万人 Protected Population /10⁴persons	累计达标 堤防长度 /千米 Accumulated Length Up-to-standard Embankment and Dyke /km	#1级、2级 堤防 Grade-I and Grade-II Embankment and Dyke /km	新增达标 堤防长度 /千米 Newly-increased Length of Up-to-standard Embankment and Dyke /km
长江区	**Yangtze River**	**90765**	**9745**	**17947**	**54562**	**7878**	**2395**
上　海	Shanghai	2091	188	861	1910	895	104
江　苏	Jiangsu	16292	979	2439	13715	2013	26
浙　江	Zhejiang	8673	413	930	7346	597	255
安　徽	Anhui	11328	797	1363	5313	1024	132
江　西	Jiangxi	7320	907	1832	3916	323	274
河　南	Henan	886	253	342	692		18
湖　北	Hubei	17796	3008	3672	5016	1344	139
湖　南	Hunan	12262	1690	2193	3986	1075	216
广　西	Guangxi	54	22	47	43		5
重　庆	Chongqing	1874	136	732	1767	59	217
四　川	Sichuan	5262	809	2248	4736	195	402
贵　州	Guizhou	1738	211	599	1645	195	157
云　南	Yunnan	1676	126	257	1494	76	100
陕　西	Shaanxi	2039	158	288	1728	65	223
甘　肃	Gansu	1431	46	141	1215	18	126
青　海	Qinghai	40		4	40		
东南诸河区	**Rivers in Southeast**	**14448**	**1504**	**4132**	**11554**	**673**	**773**
浙　江	Zhejiang	10002	908	2629	8060	438	493
安　徽	Anhui						
福　建	Fujian	4446	596	1504	3493	235	280
珠江区	**Pearl River**	**27448**	**1708**	**7167**	**16627**	**2405**	**787**
湖　南	Hunan	131	13	38	116		12
广　东	Guangdong	21580	1133	5384	12298	2232	408
广　西	Guangxi	2433	246	1026	1594	119	201
海　南	Hainan	661	120	325	466	37	19
贵　州	Guizhou	891	91	150	925	12	65
云　南	Yunnan	1752	104	244	1229	5	81.8
西南诸河区	**Rivers in Southwest**	**4343**	**293**	**498**	**3932**	**98**	**566**
云　南	Yunnan	2726	262	423	2474		296
西　藏	Tibet	1599	32	72	1441	98	269
青　海	Qinghai	18		2	18		
西北诸河区	**Rivers in Northwest**	**6243**	**2699**	**1419**	**5338**	**243**	**723**
内蒙古	Inner Mongolia	319	11	46	260		73
甘　肃	Gansu	1358	200	237	1128	108	127
青　海	Qinghai	254	35	46	219	10	35
新　疆	Xinjiang	4311	2453	1090	3731	125	489

2-10 历年水闸数量
Number of Water Gates by Year

单位：座   unit: unit

年份 Year	合计 Total	按过闸流量大小分 Classified According to Flow			按作用分 Classified According to Functions				
		大型 Large Gate	中型 Medium Gate	小型 Small Gate	分洪闸 Flood Diversion Gate	节制闸 Control Gate	排水闸 Drainage Gate	引水闸 Water Diversion Gate	挡潮闸 Tide Gate
1977	27073	256	1607	25210					
1978	25909	266	1732	23911					
1979	25694	241	1802	23651					
1980	26656	250	1783	24623					
1981	26834	252	1837	24745					
1982	24906	253	1949	22704					
1983	24980	263	1912	22805					
1984	24862	290	1941	22631					
1985	24816	294	1957	22565					
1986	25315	299	2032	22984					
1987	26131	299	2060	23772					
1988	26319	300	2060	23959					
1989	26739	308	2086	24345					
1990	27649	316	2126	25207					
1991	29390	320	2228	26842					
1992	30571	322	2296	27953					
1993	30730	325	2676	27729					
1994	31097	320	2740	28037					
1995	31434	333	2794	28307					
1996	31427	333	2821	28273					
1997	31697	340	2836	28521					
1998	31742	353	2910	28479					
1999	32918	359	3025	29534					
2000	33702	402	3115	30185					
2001	36875	410							
2002	39144	431							
2003	39834	416							
2004	39313	413							
2005	39839	405							
2006	41209	426	3495	37288					
2007	41110	438	3531	37141	2656	11663	14288	7562	4941
2008	41626	504	4182	36940	2647	11904	14381	7686	5008
2009	42523	565	4661	37297	2672	12824	14488	7895	4644
2010	43300	567	4692	38041	2797	12951	14676	8182	4694
2011	44306	599	4767	38940	2878	13313	14937	8427	4751
2012	97256	862	6308	90086	7962	55297	17229	10955	5813
2013	98192	870	6336	90986	7985	55758	17509	11106	5834
2014	98686	875	6360	91451	7993	56157	17581	11124	5831
2015	103964	888	6401	96675	10817	54687	18800	14296	5364

2-11　2015 年水闸数量（按地区分）

Number of Water Gates in 2015 (by Region)

单位：座 unit: unit

地区	Region	合计 Total	按过闸流量大小分 Classified According to Flow			按作用分 Classified According to Functions				
			大型 Large Gate	中型 Medium Gate	小型 Small Gate	分洪闸 Flood Diversion Gate	节制闸 Control Gate	排水闸 Drainage Gate	引水闸 Water Diversion Gate	挡潮闸 Tide Gate
合　计	Total	103964	888	6401	96675	10817	54687	18800	14296	5364
北　京	Beijing	642	10	60	572	42	415	101	84	
天　津	Tianjin	1091	13	55	1023	54	492	246	287	12
河　北	Hebei	2885	10	249	2626	247	1564	438	608	28
山　西	Shanxi	731	3	54	674	66	444	93	128	
内蒙古	Inner Mongolia	1742	7	97	1638	269	939	59	475	
辽　宁	Liaoning	1422	38	301	1083	80	504	239	527	72
吉　林	Jilin	465	21	62	382	61	225	89	90	
黑龙江	Heilongjiang	1283	6	67	1210	237	366	370	310	
上　海	Shanghai	2179		63	2116		1821	1	11	346
江　苏	Jiangsu	21646	36	461	21149	502	15306	2357	3354	127
浙　江	Zhejiang	8972	18	318	8636	360	4685	2066	390	1471
安　徽	Anhui	4590	58	343	4189	660	1973	1126	821	10
福　建	Fujian	4334	49	263	4022	2384	471	667	103	709
江　西	Jiangxi	4467	25	242	4200	948	1769	1190	560	
山　东	Shandong	5125	93	600	4432	331	2907	773	1055	59
河　南	Henan	3615	39	326	3250	167	1639	1250	559	
湖　北	Hubei	6781	22	154	6605	644	2919	1895	1323	
湖　南	Hunan	12001	151	1121	10729	1011	9190	937	863	
广　东	Guangdong	8304	144	727	7433	821	1482	3443	388	2170
广　西	Guangxi	1562	49	144	1369	243	276	513	170	360
海　南	Hainan	112	3	23	86	49	22	31	10	
重　庆	Chongqing	52	2	18	32	13	12		27	
四　川	Sichuan	1359	49	101	1209	372	671	54	262	
贵　州	Guizhou	33	1	2	30	1			32	
云　南	Yunnan	1551	4	183	1364	103	1259	37	152	
西　藏	Tibet	5		3	2		3		2	
陕　西	Shaanxi	433	2	8	423	44	148	125	116	
甘　肃	Gansu	1327	4	72	1251	436	498	278	115	
青　海	Qinghai	141	6	18	117	19	32	10	80	
宁　夏	Ningxia	444		16	428	70	186	100	88	
新　疆	Xinjiang	4670	25	250	4395	583	2469	312	1306	

2-12 2015年水闸数量（按水资源分区分）

Number of Water Gates in 2015 (by Water Resources Sub-region)

单位：座 　　　　　　　　　　　　　　　　　　　　　　　　　　　　　　　　　　unit: unit

水资源 一级区	Grade-I Water Resources Region	合计 Total	按过闸流量大小分 Classified According to Flow			按作用分 Classified According to Functions				
			大型 Large Gate	中型 Medium Gate	小型 Small Gate	分洪闸 Flood Diversion Gate	节制闸 Control Gate	排水闸 Drainage Gate	引水闸 Water Diversion Gate	挡潮闸 Tide Gate
合计	**Total**	**103964**	**888**	**6401**	**96675**	**10817**	**54687**	**18800**	**14296**	**5364**
松花江区	Songhua River	1869	25	140	1704	305	647	480	437	
辽河区	Liaohe River	2117	39	363	1715	281	832	251	681	72
海河区	Haihe River	7135	59	542	6534	616	3653	1170	1634	62
黄河区	Yellow River	2863	23	149	2691	217	1520	491	635	
淮河区	Huaihe River	22765	179	1276	21310	671	14246	4211	3489	148
长江区	Yangtze River	41289	268	2096	38925	3815	26002	6178	4905	391
东南诸河区	Rivers in Southeast	8935	67	513	8355	2712	2283	1444	335	2161
珠江区	Pearl River	10617	199	967	9451	1163	2263	4014	645	2530
西南诸河区	Rivers in Southwest	248	1	40	207	22	198	8	20	
西北诸河区	Rivers in Northwest	6126	28	315	5783	1015	3043	553	1515	

2-13　2015 年水闸数量（按水资源分区和地区分）

Number of Water Gates in 2015 (by Water Resources Sub-region and Region)

单位：座 unit: unit

地区 Region	Region	合计 Total	按过闸流量大小分 Classified According to Flow			按作用分 Classified According to Functions				
			大型 Large Gate	中型 Medium Gate	小型 Small Gate	分洪闸 Flood Diversion Gate	节制闸 Control Gate	排水闸 Drainage Gate	引水闸 Water Diversion Gate	挡潮闸 Tide Gate
松花江区	**Songhua River**	**1869**	**25**	**140**	**1704**	**305**	**647**	**480**	**437**	
内蒙古	Inner Mongolia	157		16	141	13	77	24	43	
吉　林	Jilin	429	19	57	353	55	204	86	84	
黑龙江	Heilongjiang	1283	6	67	1210	237	366	370	310	
辽河区	**Liaohe River**	**2117**	**39**	**363**	**1715**	**281**	**832**	**251**	**681**	**72**
内蒙古	Inner Mongolia	673	6	60	607	195	307	9	162	
辽　宁	Liaoning	1408	31	298	1079	80	504	239	513	72
吉　林	Jilin	36	2	5	29	6	21	3	6	
海河区	**Haihe River**	**7135**	**59**	**542**	**6534**	**616**	**3653**	**1170**	**1634**	**62**
北　京	Beijing	642	10	60	572	42	415	101	84	
天　津	Tianjin	1091	13	55	1023	54	492	246	287	12
河　北	Hebei	2885	10	249	2626	247	1564	438	608	28
山　西	Shanxi	429		30	399	40	240	55	94	
内蒙古	Inner Mongolia	3			3				3	
辽　宁	Liaoning	14	7	3	4				14	
山　东	Shandong	1665	18	115	1532	163	759	270	451	22
河　南	Henan	406	1	30	375	70	183	60	93	
黄河区	**Yellow River**	**2863**	**23**	**149**	**2691**	**217**	**1520**	**491**	**635**	
山　西	Shanxi	302	3	24	275	26	204	38	34	
内蒙古	Inner Mongolia	726	1	17	708	46	444	25	211	
山　东	Shandong	191	6	19	166	8	93	63	27	
河　南	Henan	695	4	37	654	16	405	138	136	
陕　西	Shaanxi	310	2	7	301	13	121	79	97	
甘　肃	Gansu	160	1	12	147	33	52	45	30	
青　海	Qinghai	35	6	17	12	5	15	3	12	
宁　夏	Ningxia	444		16	428	70	186	100	88	
淮河区	**Huaihe River**	**22765**	**179**	**1276**	**21310**	**671**	**14246**	**4211**	**3489**	**148**
江　苏	Jiangsu	14585	31	320	14234	165	9966	2184	2159	111
安　徽	Anhui	2692	46	244	2402	285	1295	625	487	
山　东	Shandong	3269	69	466	2734	160	2055	440	577	37
河　南	Henan	2219	33	246	1940	61	930	962	266	

2-13 续表 continued

地区	Region	合计 Total	按过闸流量大小分 Classified According to Flow			按作用分 Classified According to Functions				
			大型 Large Gate	中型 Medium Gate	小型 Small Gate	分洪闸 Flood Diversion Gate	节制闸 Control Gate	排水闸 Drainage Gate	引水闸 Water Diversion Gate	挡潮闸 Tide Gate
长江区	**Yangtze River**	**41289**	**268**	**2096**	**38925**	**3815**	**26002**	**6178**	**4905**	**391**
上　海	Shanghai	2179		63	2116		1821	1	11	346
江　苏	Jiangsu	7061	5	141	6915	337	5340	173	1195	16
浙　江	Zhejiang	4371		68	4303	32	2873	1289	158	19
安　徽	Anhui	1898	12	99	1787	375	678	501	334	10
江　西	Jiangxi	4467	25	242	4200	948	1769	1190	560	
河　南	Henan	295	1	13	281	20	121	90	64	
湖　北	Hubei	6781	22	154	6605	644	2919	1895	1323	
湖　南	Hunan	11986	151	1111	10724	1002	9186	937	861	
广　西	Guangxi	11			11		7		4	
重　庆	Chongqing	52	2	18	32	13	12		27	
四　川	Sichuan	1359	49	101	1209	372	671	54	262	
贵　州	Guizhou	31	1		30	1			32	
云　南	Yunnan	675		85	590	40	578	2	55	
陕　西	Shaanxi	123		1	122	31	27	46	19	
甘　肃	Gansu									
青　海	Qinghai									
东南诸河区	**Rivers in Southeast**	**8935**	**67**	**513**	**8355**	**2712**	**2283**	**1444**	**335**	**2161**
浙　江	Zhejiang	4601	18	250	4333	328	1812	777	232	1452
安　徽	Anhui									
福　建	Fujian	4334	49	263	4022	2384	471	667	103	709
珠江区	**Pearl River**	**10617**	**199**	**967**	**9451**	**1163**	**2263**	**4014**	**645**	**2530**
湖　南	Hunan	15		10	5	9	4		2	
广　东	Guangdong	8304	144	727	7433	821	1482	3443	388	2170
广　西	Guangxi	1551	49	144	1358	243	269	513	166	360
海　南	Hainan	112	3	23	86	49	22	31	10	
贵　州	Guizhou	2		2						
云　南	Yunnan	633	3	61	569	41	486	27	79	
西南诸河区	**Rivers in Southwest**	**248**	**1**	**40**	**207**	**22**	**198**	**8**	**20**	
云　南	Yunnan	243	1	37	205	22	195	8	18	
西　藏	Tibet	5		3	2		3		2	
青　海	Qinghai									
西北诸河区	**Rivers in Northwest**	**6126**	**28**	**315**	**5783**	**1015**	**3043**	**553**	**1515**	
内蒙古	Inner Mongolia	183		4	179	15	111	1	56	
甘　肃	Gansu	1167	3	60	1104	403	446	233	85	
青　海	Qinghai	106		1	105	14	17	7	68	
新　疆	Xinjiang	4670	25	250	4395	583	2469	312	1306	

2-14 历 年 水 旱 灾 害

Flood and Drought Disasters by Year

年份 Year	洪 灾 Flood Disasters							旱 灾 Drought Disasters		
	受灾面积 /千公顷 Disaster-affected Area /10³ha	成灾面积 /千公顷 Damaged Area /10³ha	成灾率 /% Percentage of Damaged Area /%	受灾人口 /万人 Affected Population /10⁴persons	死亡人口 /人 Death Toll /person	直接经济总损失 /亿元 Total Direct Economic Loss /10⁸yuan	水利设施经济损失 /亿元 Economic Loss of Water Facilities /10⁸yuan	受灾面积 /千公顷 Disaster-affected Area /10³ha	成灾面积 /千公顷 Damaged Area /10³ha	成灾率 /% Percentage of Damaged Area /%
1949	9282								52	
1950	6559	4710	71.8		1982			2398	589	24.6
1951	4173	1476	35.4		7819			7829	2299	29.4
1952	2794	1547	55.4		4162			4236	2565	60.6
1953	7187	3285	45.7		3308			8616	1341	15.6
1954	16131	11305	70.1		42447			2988	560	18.7
1955	5247	3067	58.5		2718			13433	4024	30.0
1956	14377	10905	75.9		10676			3127	2051	65.6
1957	8083	6032	74.6		4415			17205	7400	43.0
1958	4279	1441	33.7		3642			22361	5031	22.5
1959	4813	1817	37.8		4540			33807	11173	33.1
1960	10155	4975	49.0		6033			38125	16177	42.4
1961	8910	5356	60.1		5074			37847	18654	49.3
1962	9810	6318	64.4		4350			20808	8691	41.8
1963	14071	10479	74.5		10441			16865	9021	53.5
1964	14933	10038	67.2		4288			4219	1423	33.7
1965	5587	2813	50.3		1906			13631	8107	59.5
1966	2508	950	37.9		1901			20015	8106	40.5
1967	2599	1407	54.1		1095			6764	3065	45.3
1968	2670	1659	62.1		1159			13294	7929	59.6
1969	5443	3265	60.0		4667			7624	3442	45.1
1970	3129	1234	39.4		2444			5723	1931	33.7
1971	3989	1481	37.1		2323			25049	5319	21.2
1972	4083	1259	30.8		1910			30699	13605	44.3
1973	6235	2577	41.3		3413			27202	3928	14.4
1974	6431	2737	42.6		1849			25553	2296	9.0
1975	6817	3467	50.9		29653			24832	5318	21.4
1976	4197	1329	31.7		1817			27492	7849	28.5
1977	9095	4989	54.9		3163			29852	7005	23.5
1978	2820	924	32.8		1796			40169	17969	44.7
1979	6775	2870	42.4		3446			24646	9316	37.8
1980	9146	5025	54.9		3705			26111	12485	47.8
1981	8625	3973	46.1		5832			25693	12134	47.2

2-14 续表 continued

年份 Year	洪 灾 Flood Disasters							旱 灾 Drought Disasters		
	受灾面积 /千公顷 Disaster- affected Area /10³ha	成灾面积 /千公顷 Damaged Area /10³ha	成灾率 /% Percentage of Damaged Area /%	受灾人口 /万人 Affected Population /10⁴persons	死亡人口 /人 Death Toll /person	直接经济总损失 /亿元 Total Direct Economic Loss /10⁸yuan	水利设施经济损失 /亿元 Economic Loss of Water Facilities /10⁸yuan	受灾面积 /千公顷 Disaster- affected Area /10³ha	成灾面积 /千公顷 Damaged Area /10³ha	成灾率 /% Percentage of Damaged Area /%
1982	8361	4463	53.4		5323			20697	9972	48.2
1983	12162	5747	47.3		7238			16089	7586	47.2
1984	10632	5361	50.4		3941			15819	7015	44.3
1985	14197	8949	63.0		3578			22989	10063	43.8
1986	9155	5601	61.2		2761			31042	14765	47.6
1987	8686	4104	47.2		3749			24920	13033	52.3
1988	11949	6128	51.3		4094			32904	15303	46.5
1989	11328	5917	52.2		3270			29358	15262	52.0
1990	11804	5605	47.5		3589	239		18175	7805	42.9
1991	24596	14614	59.4		5113	779		24914	10559	42.4
1992	9423	4464	47.4		3012	413		32980	17049	51.7
1993	16387	8610	52.5		3499	642		21098	8659	41.0
1994	18859	11490	60.9	21523	5340	1797		30282	17049	56.3
1995	14367	8001	55.7	20070	3852	1653		23455	10374	44.2
1996	20388	11823	58.0	25384	5840	2208		20151	6247	31.0
1997	13135	6515	49.6	18067	2799	930		33514	20010	59.7
1998	22292	13785	61.8	18655	4150	2551	287	14237	5068	35.6
1999	9605	5389	56.1	13013	1896	930	132	30153	16614	55.1
2000	9045	5396	59.7	12936	1942	712	103	40541	26777	66.0
2001	7138	4253	59.6	11087	1605	623	98	38480	23702	61.6
2002	12384	7439	60.1	15204	1819	838	166	22207	13247	59.7
2003	20366	13000	63.8	22572	1551	1301	173	24852	14470	58.2
2004	7782	4017	51.6	10673	1282	714	113	17255	7951	46.1
2005	14967	8217	54.9	20026	1660	1662	249	16028	8479	52.9
2006	10522	5592	53.2	13882	2276	1333	208	20738	13411	64.7
2007	12549	5969	47.6	17698	1230	1123	177	29386	16170	55.0
2008	8867	4537	51.2	14047	633	955	172	12137	6798	56.0
2009	8748	3796	43.4	11102	538	846	148	29259	13197	45.1
2010	17867	8728	48.9	21085	3222	3745	692	13259	8987	67.8
2011	7192	3393	47.2	8942	519	1301	210	16304	6599	40.4
2012	11218	5871	52.3	12367	673	2675	468	9333	3509	37.6
2013	11901	6623	55.7	12022	775	3146	445	11220	6971	62.1
2014	5919	2830	47.8	7382	486	1574	249	12272	5677	46.3
2015	6132	3054	49.8	7641	319	1661	254	10067	5577	55.4

2-15　2015 年水旱灾害（按地区分）

Flood and Drought Disasters in 2015 (by Region)

地区	Region	洪 灾 Flood Disasters						旱 灾 Drought Disasters	
		受灾面积 /千公顷 Disaster-affected Area /10³ha	成灾面积 /千公顷 Damaged Area /10³ha	受灾人口 /万人 Affected Population /10⁴persons	死亡人口 /人 Death Toll /person	直接经济总损失 /亿元 Total Direct Economic Loss /10⁸yuan	水利设施经济损失 /亿元 Economic Loss of Water Facilities /10⁸yuan	受灾面积 /千公顷 Disaster-affected Area /10³ha	成灾面积 /千公顷 Damaged Area /10³ha
合　计	Total	6132.08	3053.84	7640.85	319	1660.75	253.55	10067.1	5577.0
北　京	Beijing	5.97	3.11	3.88		1.66	0.10		
天　津	Tianjin							91.1	63.1
河　北	Hebei	27.35	18.38	23.98	1	3.52	0.23	1274.8	630.5
山　西	Shanxi	59.36	42.84	57.84	1	10.20	0.58	775.3	477.7
内蒙古	Inner Mongolia	85.55	68.43	20.21	15	6.65	0.25	2477.1	1202.8
辽　宁	Liaoning	1.40	0.92	1.44		0.26	0.06	1187.0	781.4
吉　林	Jilin	19.13	11.70	9.78		2.45	0.46	346.7	329.5
黑龙江	Heilongjiang	201.62	112.30	37.53		11.44	1.48	484.1	180.0
上　海	Shanghai	21.05	5.85	3.47		2.85			
江　苏	Jiangsu	577.12	208.32	586.32		148.68	7.00	16.9	4.5
浙　江	Zhejiang	350.16	170.30	549.47	14	224.82	23.53		
安　徽	Anhui	808.18	470.01	859.09	12	104.58	21.68		
福　建	Fujian	252.08	116.68	448.25	37	234.83	42.15	18.2	8.9
江　西	Jiangxi	444.16	221.50	450.15	19	68.77	17.66	55.5	30.8
山　东	Shandong	243.11	93.50	123.98		9.06	0.81	1182.8	633.5
河　南	Henan	43.92	17.38	43.43	5	11.94	3.43	33.4	3.8
湖　北	Hubei	531.17	206.39	538.73	8	57.94	14.39	179.4	46.3
湖　南	Hunan	545.30	292.06	792.38	14	103.59	24.43	17.8	13.7
广　东	Guangdong	719.32	374.40	820.84	9	288.85	28.86	166.7	85.9
广　西	Guangxi	355.05	153.44	553.33	11	50.26	8.80	160.0	79.0
海　南	Hainan	43.33	18.62	141.94		12.89	4.28	3.8	3.1
重　庆	Chongqing	62.18	44.28	158.84	20	22.70	3.64	6.4	6.1
四　川	Sichuan	224.82	110.95	711.67	34	111.61	14.10	222.9	77.7
贵　州	Guizhou	145.11	66.19	264.58	34	54.58	6.92		
云　南	Yunnan	172.99	103.57	267.32	49	50.70	8.62	453.8	300.7
西　藏	Tibet	2.98	0.98	4.30	2	1.33	0.55		
陕　西	Shaanxi	72.38	43.26	83.01	17	18.14	3.43	200.1	98.9
甘　肃	Gansu	27.19	16.65	33.64	2	9.35	1.21	410.0	253.1
青　海	Qinghai	5.44	3.03	2.21	7	4.69	1.15	16.7	16.7
宁　夏	Ningxia	5.30	3.59	11.90	2	3.44	1.51	104.1	84.3
新　疆	Xinjiang	79.36	55.21	37.33	6	28.99	12.23	182.4	165.1

2-16 历年除涝面积和治碱面积

Drainage and Saline Control Areas by Year

单位：千公顷   unit: 10³ha

年份 Year	易涝面积 Waterlogging Area	除涝面积合计 Total Drainage Control Area	3～5年 3-5 Years	5年以上 More than 5 Years	盐碱耕地面积 Area of Saline and Alkaline Farmland	盐碱耕地改良面积 Area of Improved Saline and Alkaline Farmland
1975	22080.67	16060.67	7042.67	9018	6705.33	3885.33
1976	22228.67	16688.67	7059.33	9629.33	7062.00	4186
1977	22277.33	16881.33	7219.33	9662	7132.00	4040.67
1978	22554	17281.33	7416.67	9864.67	7262.00	4131.33
1979	23218	17748.67	7539.33	10209.33	7258.67	4132
1980	23410	17847.33	7316	10531.33	7302.00	4235.33
1981	23776.67	17896	7174	10722	7145.33	4262.67
1982	23776.67	18092.67	7210.67	10882	7243.33	4265.33
1983	24066	18200.67	7194.67	11006	7243.33	4391.33
1984	24235.33	18399.33	7157.33	11242	7357.33	4474
1985	24086.67	18584	7217.33	11366.67	7331.33	4569.33
1986	24229.33	18760.67	7430.67	11330	7692.00	4623.33
1987	24337.33	18958	7521.33	11436.67	7606.67	4755.33
1988	24348	19064	7532	11532	7636.00	4830
1989	24425.33	19229.33	7566	11663.33	7672.00	4883.33
1990	24466.67	19336.66	7671.33	11665.33	7538.67	4995.09
1991	24424	19580.3	8004	11576.3	7539.33	5110.09
1992	24410	19769.76	7996.88	11772.88	7617.83	5210.21
1993		19883.48	8068.4	11815.08	7633.22	5304.62
1994		19678.55	8172.43	11506.12	7655.82	5350.83
1995		20055.64	8241.97	11813.67	7655.82	5433.91
1996		20278.74	8367.67	11911.07		5513.15
1997		20525.8	8540.54	11985.26		5612.25
1998		20680.73	8645.98	12034.75		5653.94
1999		20838.48	8878.23	11960.25		5736.82
2000		20989.7	8812.76	12176.94		5841.36
2001		21021.33	8841.33	12180		5750.67
2002		21097.11	8916.94	12180.17		5282.86
2003		21137.31	8918.54	12218.77		5864.59
2004		21198				5961.56
2005		21339.74	9272.6	12067.14		
2006		21376.31	9197.5	12178.8		
2007		21419.14	9208.24	12210.9		
2008		21424.55	9334.67	12089.87		
2009		21584.32	9370.59	12213.73		
2010		21691.74	9427.39	12264.35		
2011		21721.62	9505.51	12216.11		
2012		21857.33	9515.22	12342.11		
2013		21943.1	9517.05	12426.05		
2014		22369.34	9751.38	12617.97		
2015		22712.71	9796.27	12916.44		

2-17 2015 年除涝面积（按地区分）

Drainage Control Area in 2015 (by Region)

单位：千公顷
unit: 10³ha

地区 Region		除涝面积合计 Total Drainage Control Area	3～5 年 3-5 Years	5～10 年 5-10 Years	10 年以上 More than 10 Years	新增除涝面积 Increase Area of Drainage Control
合 计	**Total**	**22712.71**	**9796.27**	**8539.12**	**4377.32**	**368.53**
北 京	Beijing	1.20			1.20	
天 津	Tianjin	369.32	104.84	201.45	63.03	
河 北	Hebei	1641.14	806.88	761.38	72.88	1.81
山 西	Shanxi	89.13	60.06	28.84	0.23	
内蒙古	Inner Mongolia	277.00	157.76	84.87	34.37	
辽 宁	Liaoning	911.53	179.73	387.77	344.03	2.55
吉 林	Jilin	1031.14	148.45	353.86	528.83	4.61
黑龙江	Heilongjiang	3385.25	2435.40	885.01	64.84	3.19
上 海	Shanghai	60.17	16.08	14.61	29.48	1.35
江 苏	Jiangsu	3017.69	662.87	1107.93	1246.90	56.15
浙 江	Zhejiang	537.65	122.72	203.30	211.63	14.18
安 徽	Anhui	2334.31	958.05	1278.51	97.75	18.47
福 建	Fujian	145.62	82.73	47.70	15.19	4.13
江 西	Jiangxi	404.82	195.58	185.81	23.43	12.01
山 东	Shandong	2930.23	1419.66	1357.33	153.24	50.15
河 南	Henan	2074.64	1556.09	496.93	21.62	77.83
湖 北	Hubei	1313.93	207.65	481.58	624.69	27.06
湖 南	Hunan	425.43	134.47	223.26	67.70	1.44
广 东	Guangdong	536.53	60.72	96.73	379.08	4.10
广 西	Guangxi	234.50	126.17	98.19	10.14	3.06
海 南	Hainan	13.30	9.49	2.61	1.20	0.50
重 庆	Chongqing					
四 川	Sichuan	103.08	53.22	44.27	5.59	2.37
贵 州	Guizhou	97.56	31.79	52.55	13.22	6.86
云 南	Yunnan	270.77	181.29	74.84	14.64	6.73
西 藏	Tibet	338.73	0.30	2.43	336.00	68.04
陕 西	Shaanxi	132.72	74.10	53.20	5.42	1.54
甘 肃	Gansu	13.60	4.98	1.63	6.99	
青 海	Qinghai					
宁 夏	Ningxia					
新 疆	Xinjiang	21.73	5.19	12.53	4.01	0.40

2-18 2015 年除涝面积（按水资源分区分）

Drainage Control Area in 2015 (by Water Resources Sub-region)

单位：千公顷   unit: 10³ha

水资源 一级区	Grade-I Water Resources Sub-region	除涝面积合计 Total Drainage Control Area	3～5 年 3-5 Years	5～10 年 5-10 Years	10 年以上 More than 10 Years	新增除涝面积 Increase Area of Drainage Control
合 计	**Total**	**22712.71**	**9796.27**	**8539.12**	**4377.32**	**368.53**
松花江区	Songhua River	4418.77	2660.90	1191.71	566.16	6.07
辽河区	Liaohe River	1142.85	233.30	504.14	405.41	4.28
海河区	Haihe River	3281.17	1585.34	1512.76	183.07	26.90
黄河区	Yellow River	583.29	374.19	175.25	33.85	8.23
淮河区	Huaihe River	7137.00	3354.59	2840.69	941.71	137.04
长江区	Yangtze River	4367.07	1088.36	1856.32	1422.39	87.17
东南诸河区	Rivers in Southeast	412.24	171.57	158.12	82.55	13.28
珠江区	Pearl River	903.27	248.85	259.30	395.12	13.37
西南诸河区	Rivers in Southwest	445.32	73.97	28.30	343.05	71.78
西北诸河区	Rivers in Northwest	21.73	5.19	12.53	4.01	0.40

2-19 2015年除涝面积（按水资源分区和地区分）

Drainage Control Area in 2015 (by Water Resources Sub-region and Region)

单位：千公顷   unit: 10³ha

地区 Region		除涝面积合计 Total Drainage Control Area				新增除涝面积 Increase Area of Drainage Control
			3～5 年 3-5 Years	5～10 年 5-10 Years	10 年以上 More than 10 Years	
松花江区	**Songhua River**	**4418.77**	**2660.90**	**1191.71**	**566.16**	**6.07**
内蒙古	Inner Mongolia	106.86	89.85	17.01		
吉　林	Jilin	926.66	135.65	289.69	501.32	2.88
黑龙江	Heilongjiang	3385.25	2435.40	885.01	64.84	3.19
辽河区	**Liaohe River**	**1142.85**	**233.30**	**504.14**	**405.41**	**4.28**
内蒙古	Inner Mongolia	126.84	40.77	52.20	33.87	
辽　宁	Liaoning	911.53	179.73	387.77	344.03	2.55
吉　林	Jilin	104.48	12.80	64.17	27.51	1.73
海河区	**Haihe River**	**3281.17**	**1585.34**	**1512.76**	**183.07**	**26.90**
北　京	Beijing	1.20			1.20	
天　津	Tianjin	369.32	104.84	201.45	63.03	
河　北	Hebei	1641.14	806.88	761.38	72.88	1.81
山　西	Shanxi	32.48	21.84	10.41	0.23	
内蒙古	Inner Mongolia	0.91	0.91			
辽　宁	Liaoning					
山　东	Shandong	1037.50	493.12	499.17	45.21	24.95
河　南	Henan	198.62	157.75	40.35	0.52	0.14
黄河区	**Yellow River**	**583.29**	**374.19**	**175.25**	**33.85**	**8.23**
山　西	Shanxi	56.65	38.22	18.43		
内蒙古	Inner Mongolia	42.39	26.23	15.66	0.50	
山　东	Shandong	94.95	27.64	43.03	24.28	4.64
河　南	Henan	262.29	214.14	47.34	0.81	2.20
陕　西	Shaanxi	121.12	67.36	49.16	4.60	1.39
甘　肃	Gansu	5.89	0.60	1.63	3.66	
青　海	Qinghai					
宁　夏	Ningxia					
淮河区	**Huaihe River**	**7137.00**	**3354.59**	**2840.69**	**941.71**	**137.04**
江　苏	Jiangsu	2182.22	601.31	808.14	772.77	43.63
安　徽	Anhui	1771.44	825.36	881.18	64.90	4.64
山　东	Shandong	1797.78	898.90	815.13	83.75	20.56
河　南	Henan	1385.55	1029.02	336.24	20.29	68.21

2-19　续表　continued

地区	Region	除涝面积合计 Total Drainage Control Area	3～5 年 3-5 Years	5～10 年 5-10 Years	10 年以上 More than 10 Years	新增除涝面积 Increase Area of Drainage Control
长江区	**Yangtze River**	**4367.07**	**1088.36**	**1856.32**	**1422.39**	**87.17**
上　海	Shanghai	60.17	16.08	14.61	29.48	1.35
江　苏	Jiangsu	835.47	61.56	299.78	474.13	12.52
浙　江	Zhejiang	271.03	33.88	92.88	144.27	5.03
安　徽	Anhui	562.87	132.69	397.33	32.85	13.83
江　西	Jiangxi	404.82	195.58	185.81	23.43	12.01
河　南	Henan	228.18	155.18	73.00		7.28
湖　北	Hubei	1313.93	207.65	481.58	624.69	27.06
湖　南	Hunan	419.09	130.14	221.87	67.08	1.44
广　西	Guangxi	2.55	0.81	1.45	0.29	
重　庆	Chongqing					
四　川	Sichuan	103.08	53.22	44.27	5.59	2.37
贵　州	Guizhou	44.83	18.80	13.65	12.39	3.06
云　南	Yunnan	101.75	71.65	26.05	4.05	1.08
陕　西	Shaanxi	11.60	6.74	4.04	0.82	0.15
甘　肃	Gansu	7.71	4.38		3.33	
青　海	Qinghai					
东南诸河区	**Rivers in Southeast**	**412.24**	**171.57**	**158.12**	**82.55**	**13.28**
浙　江	Zhejiang	266.62	88.84	110.42	67.36	9.15
安　徽	Anhui					
福　建	Fujian	145.62	82.73	47.70	15.19	4.13
珠江区	**Pearl River**	**903.27**	**248.85**	**259.30**	**395.12**	**13.37**
湖　南	Hunan	6.34	4.33	1.39	0.62	
广　东	Guangdong	536.53	60.72	96.73	379.08	4.10
广　西	Guangxi	231.95	125.36	96.74	9.85	3.06
海　南	Hainan	13.30	9.49	2.61	1.20	0.50
贵　州	Guizhou	52.73	12.99	38.905	0.83	3.80
云　南	Yunnan	62.43	35.967	22.923	3.54	1.91
西南诸河区	**Rivers in Southwest**	**445.32**	**73.97**	**28.3**	**343.05**	**71.78**
云　南	Yunnan	106.59	73.67	25.87	7.05	3.74
西　藏	Tibet	338.73	0.3	2.43	336	68.04
青　海	Qinghai					
西北诸河区	**Rivers in Northwest**	**21.73**	**5.19**	**12.53**	**4.01**	**0.4**
内蒙古	Inner Mongolia					
甘　肃	Gansu					
青　海	Qinghai					
新　疆	Xinjiang	21.73	5.19	12.53	4.01	0.4

主要统计指标解释

已建成水库座数 在江河上筑坝（闸）所形成的能拦蓄水量、调节径流的蓄水区的数量。

大型水库：总库容在 1 亿立方米及以上。

中型水库：总库容在 1000 万（含 1000 万）～1 亿立方米。

小型水库：库容在 10 万（含 10 万）～1000 万立方米。

水库库容 从设计规模和统计角度规定如下：

（1）总库容：即校核水位以上的库容。包括死库容、兴利库容、防洪库容（减掉和兴利库容重复部分）之综合，称总库容。

（2）兴利库容：一般为正常高水位至死水位之间的库容。

（3）调洪库容或防洪库容：指校核洪水位与防洪限制水位（也叫汛期限制水位）之间的库容。防汛限制水位，是水库在汛期的下限水位，这个水位以上的库容在汛期专供滞蓄防洪标准内的洪水使用，洪水到来之前水库蓄水不允许超过此水位。

堤防长度 建成或基本建成的在江、河、湖、海岸边用于防洪、防潮的工程长度之总和，包括新中国成立前建成以及需要加固加高培厚的老堤防。但不包括单纯除涝河道的堤防和弃土形成的堤防，也不包括子埝和生产堤。所谓基本建成，是指按设计标准已经完成并能发挥设计效益，但还留有少量尾工的工程。

堤防保护人口 报告期堤防保护范围内的全部人口数。也就是假设河流在设计最大洪水通过时，如没有堤防或一旦堤防决口，所能淹及的最大范围内在报告期当年年末全部人口数。

堤防保护耕地面积 堤防保护范围内的耕地。即按设计最大洪水通过时，假设不修堤防的情况下，洪水所能淹及的最大范围内的耕地面积。

累计达标堤防长度 根据国家《防洪标准》（GB 50201—94）和江河防洪规划，已达到国家所认定的堤防等级的堤防长度。根据《防洪标准》规定，由于堤防保护的耕地面积和人口不同，以及城市、工矿企业、交通干线等防护对象的重要性程度不同，堤防工程的防洪标准不一样。达标堤防是指按国家标准堤防工程设计规范进行堤防工程标准设计，施工完成后达到设计规定要求的堤防。

堤防工程的级别 按防洪标准分为五个级别。堤防工程防护对象的防洪标准应按照《防洪标准》确定。

主要堤防 保护耕地面积在 30 万亩以上（包括 30 万亩）或保护重要工矿、企业、交通干线、国防设施、机场、主要城镇的河道堤防及海堤（海塘）。

水闸数量 水利工程中用以控制水流、水位、通航的水工建筑物的数量。关闭或开启闸门起到调节闸上、下游水位，控制泄流以达到防洪、引水、排水、通航、发电等作用。按流量划分：大型水闸指校核过闸流量 1000 立方米每秒及以上水闸；中型水闸指校核过闸流量 100～1000 立方米每秒的水闸；小型水闸指校核过闸流量 10～100 立方米每秒的水闸。

分洪闸 为了保护河道下游堤防及重要城镇、工厂、矿区的安全，在河道遇到特大洪水时宣泄部分洪水进入湖泊、洼地等分洪区（或滞洪区）中，以削减洪峰，免除洪水泛滥所造成的灾害而在河岸边修的水闸。

节制闸 为控制河渠、湖泊水位，保证引水、供水要求而修建的水闸。这种闸一般是拦河、渠而修建的，又称拦河闸。

排水闸 为排除内涝积水在河道两岸修建的闸。或在分洪区（或滞洪区）出口处设置的尾水闸、退水闸。

引水闸（渠首闸） 从河流、湖泊、水库中引水进行灌溉、发电等而在引水源口处设置的水闸，其功能主要是引水。

挡潮闸 在沿海河口附近修建的发挥排水、挡潮作用的水闸。

洪涝灾害 因降雨、融雪、冰凌、溃坝（堤）、风暴潮、热带气旋等造成的江河洪水、渍涝、山洪、滑坡和泥石流等，以及由其引发的次生灾害。

受灾面积 因洪涝灾害造成在田农作物产量损失一成（含一成）以上的播种面积（含成灾、绝收面积），同一地块的当季农作物遭受一次以上洪涝灾害时，只计其中最重的一次。

成灾面积 因洪涝灾害造成在田农作物受灾面积中，产量损失三成（含三成）以上的播种面积（含绝收面积）。

干旱灾害 因降水少、水资源短缺，对城乡居民生活、工农业生产造成直接影响的旱情，以及旱情发生后给工农业生产造成的旱灾损失。

作物受灾面积 在受旱面积中作物产量比正常年产量减产一成以上的面积。

作物成灾面积 在受旱面积中作物产量比正常年产量减产三成（含三成）以上的面积。

易涝面积 抗涝能力标准低的低洼涝耕地面积。2003 年年报开始只统计"十五"现状数，即 2001 年初的时点数，包括未治理的易涝耕地面积和排涝设施严重老化毁损的易涝面积。

除涝面积 通过水利工程如围埝、抽水等对易涝面

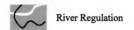

积进行治理，使易涝耕地免除淹涝称除涝面积。按除涝的标准分为 3～5 年、5～10 年和 10 年以上。易涝面积虽经过治理，但标准尚未达到 3 年一遇标准的，不作为除涝面积统计。

盐碱耕地面积　土壤中含有盐碱、影响农作物生长甚至接近不能耕种的面积。

盐碱耕地改良面积　在新、老盐碱耕地上进行水利、农业和土壤改良等措施，在正常年景使农作物出苗率达到 70%以上的面积。

Explanatory Notes of Main Statistical Indicators

Number of completed reservoirs The storage area that is formed by constructing a dam (gate) to detain and store water and regulate runoff.

Large reservoir: the total storage capacity is over 100 million m^3 (including 100 million m^3).

Medium reservoir: the total storage capacity is between 10 million m^3 (including 10 million m^3) to 100 million m^3.

Small reservoir: the total storage capacity is between 0.1 million m^3 (including 0.1 million m^3) to 10 million m^3.

Storage capacity of reservoir Following indicators are defined according to the scale of design and needs of statistics.

1. Total storage capacity: refers to storage capacity above the check water level, total storage capacity includes dead storage capacity, usable storage capacity, and flood control storage capacity (deducting the repeating part of usable storage).

2. Usable storage capacity: refers to storage capacity between levels of normal high to dead water.

3. Flood regulation capacity or flood control storage capacity: refers to storage capacity between check floodwater to floodwater limit (also termed limited water level in flood season). Floodwater limit refers to the lowest level of reservoir in flood season, which is used to store and detain floods specified by flood control standard; before floodwater comes, water level of reservoirs is not allowed to exceed this limit.

Length of embankment Total length of embankment is the sum of completed or mostly completed levees or dykes along a river and lake, sea dike, polder and flood control wall etc., including old embankments built before the founding of People's Republic of China in 1949 and those need to be strengthened, heightened and thickened, but excluding embankment purely for waterlogging control and spoil dike, as well as sub-cofferdam or production dikes. Mostly completed embankment refers to a project that has a few of works to end up, but it can put into use and generate benefit according to design standard.

Protected population of embankment Total population protected by embankment during report period. In another word, the total population inundated by flood as a maximum at the end of the year when the design maximum flood passes river courses and if no embankment or break of embankment exists.

Protected farmland of embankment Cultivated land under the protection of embankment, i.e. inundated farmland of flood as a maximum if design maximum flood passes and no embankment exists.

Accumulated length of up-to-standard embankment Total length of embankment that has reached national standard, in accordance of "National Standards for Flood Control" and river flood control planning. According to the

current "National Standards for Flood Control", the standards of embankment can be varied in accordance with protected cultivated area or population and importance of protected target such as a city, industrial and mining enterprises or key transportation line. Up-to-standard embankment refers to those designed and constructed according to national standards, and meet all requirements of original design upon completion.

Classification of embankment Embankment is classified into five categories according to flood control standards; the category of embankment for a protected target is determined according to the current National Standards for Flood Control.

Key embankment and dyke Embankment or levees along the river or sea dikes used for protecting farmlands of above 300,000 mu (including 300,000 mu), or important pastures land, and those areas less than 300,000 mu but where have important mine, enterprise, transportation line, national defense facilities, airport and key cities and towns.

Number of water gates Number of hydraulic structures employed for controlling flow and water level or for navigation. When the gate is open or close, water level at upper and down stream and discharge can be controlled in order to realize flood prevention, water diversion, drainage, navigation, and power generation. According to water flow, large size refers to the gate with a check flow of 1,000 m^3/s or above; medium size refers to gate with a check flow of 100–1,000 m^3/s, and small size refers to gate with a check flow of 10–100 m^3/s.

Flood diversion gates Water gates are constructed beside river banks to protect the safety of dikes, major cities, factories, mines in lower reaches, and drain water into lakes, low ground or flood detention basins, in order to reduce flood peak and prevent flooding when severe flood happens.

Control gates Water gates are built to control water level of rivers, canals or lakes to ensure water diversion and water supply. Water control gates are also termed barrage gates.

Drainage gates Water gates are located beside river banks to drain waterlogging, or constructed in the outlets of flood detention basins (flood retarding gates) as tail locks and waste locks.

Water diversion gates (head gates) Water gates are built in water sources to divert water from rivers, lakes and reservoirs to irrigate, generate hydropower, etc., but its main purpose is to divert water.

Tide gates Water gates are located in coastal estuaries to drain water or prevent tides.

Flood & waterlogging disasters River flood, waterlogging or inland inundation, mountain flood, landslide and mudflow caused by rainfall, snow melting, river ice jam, dam failure, storm tide and tropical cyclone, as well as secondary disasters induced by them.

Affected area Cultivated area (including damaged area and no harvest area) where loss of crop yield is more than 10% (including 10%) due to flood and waterlogging disasters; The most serious damage is calculated only when crop in same land suffer from more than one flood and waterlogging disaster during the same season.

Damaged area Cultivated area (including no harvest area) where loss of crop yield is more than 30% (including 30%) due to flood and waterlogging disasters.

Drought disaster It refers to a disaster that results in direct impact on life of people, industrial and agricultural production in urban and rural areas because of less precipitation and water shortage.

Drought affected area It refers to drought-affected area where loss of crop yield is 10% more than normal years.

Drought damaged area It refers to drought-affected area where loss of crop yield is 30% more (including 30%) than normal years.

Waterlogging area It refers to low-lying farmland with a poor capacity of waterlogging control. Starting from the year of 2003, the annual report only provides statistics of current status in the 10th Five-Year Plan Period, i.e. the data in the early 2001, including waterlogging-prone farmland areas without control measures or those with severely damaged or aged facilities.

Drainage control area The area of prone-waterlogging farmland controlled by waterworks such as cofferdams and water pump. The standard for waterlogging control is divided into 3-5 years, 5-10 years and above 10 years. Drainage control area do not include the farmland that has not reach to the waterlogging control standard of once in three years return period, even though efforts have been made to make improvement.

Area of saline and alkaline farmland The area cannot be or almost cannot be cultivated because the soil contains salt and alkaline that affects the growing of crops.

Reclaimed area of saline and alkaline farmland The reclaimed area of old or newly-emerged saline and alkaline farmlands that have a percentage of seedling emergence at and above 70% in normal years, thanks to the measure of water conservation, agricultural technology and soil improvement.

3 农业灌溉

Agricultural Irrigation

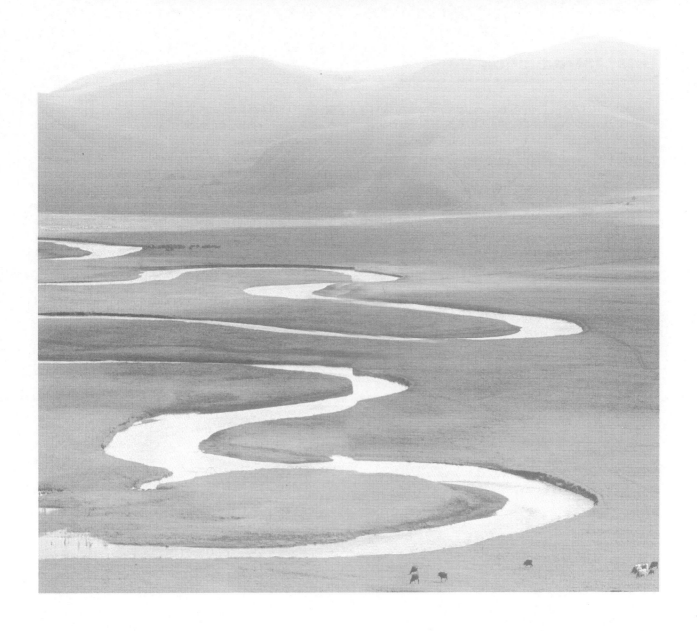

简要说明

农业灌溉统计资料主要包括农田水利设施的数量和产生的效益，分为灌溉面积、灌区、机电排灌站以及节水灌溉面积等四大类。

农业灌溉资料按水资源一级分区和地区分组。

1. 灌溉面积统计范围：已建成或基本建成的灌溉工程、水利综合利用工程、农田水利工程的灌溉面积，包括水利、农业等部门建设的灌溉面积。

2. 按耕地灌溉面积达到万亩以上的统计口径调整2008年数据；2012年，灌区统计口径调整为设计灌溉面积2000亩及以上灌区。

3. 节水灌溉面积只统计利用工程措施节水的面积。

4. 万亩以上灌区、机电排灌站历史资料汇总1974年至今数据；灌溉面积、农田排灌机械、机电灌溉面积历史资料汇总1949年至今数据；机电井历史资料汇总1961年至今数据。

5. 灌溉面积、灌区、机电井数据已与2011年水利普查数据进行了衔接。

Brief Introduction

Statistical data of agricultural irrigation mainly covers number of farm irrigation facilities and benefit generation, and is divided into four types of irrigated area, irrigation district, electromechanical irrigation station and water-saving irrigated area.

The data of agricultural irrigation is grouped in accordance with Grade-I water resources regions and regions.

1. Scope of statistics for irrigated area covers completed or mostly completed irrigation projects, multiple-purpose projects, irrigation and drainage systems, including the statistical data of water and agricultural departments and others.

2. The data in 2008 is adjusted based on irrigated area up to ten thousand mu. The data in 2012 is adjusted based on irrigation district with a designed irrigated area of two thousand mu and above.

3. Water-saving irrigated area only includes those with structure measures.

4. Historical data of irrigation district with an irrigated area up to ten thousand mu as well as electro-mechanical drainage stations are collected from 1974 until present. Data of irrigated area, farmland mechanical equipment for irrigation and drainage, electro-mechanical irrigated area are collected from 1949 until present; the data of electro-mechanical wells are collected from 1961 until present.

5. The data of irrigated area, irrigation district and electro-mechanical wells is integrated with the First National Census for Water.

3-1 主要指标
Key Indicators

指标名称	Item	单位	unit	2008	2009	2010	2011	2012	2013	2014	2015
灌溉面积	Irrigated Area	千公顷	10³ha	64120	65165	66352	67743	67783	69481	70652	72061
耕地灌溉面积	Irrigated Area of Cultivated Land	千公顷	10³ha	58472	59261	60348	61682	62491	63473	64540	65873
占耕地面积	In Total Cultivated Land	%	%	48.03	48.69	49.58	50.82	51.3	52.9	53.8	48.8[①]
林地灌溉面积	Irrigated Area of Forest Land	千公顷	10³ha	1649	1775	1822	1899	1767	2111	2229	2211
牧草灌溉面积	Irrigated Area of Grassland	千公顷	10³ha	1214	1247	1258	1265	819	1059	1092	1079
耕地实灌面积	Actual Irrigated Cultivated Land	千公顷	10³ha	50666	51807	52589	53982		53105	54975	56739
占耕地灌溉面积	In Irrigated Area of Cultivated Land	%	%	86.65	87.42	87.14	87.52		83.67	85.18	86.13
节水灌溉面积	Water-saving Irrigated Area	千公顷	10³ha	24436	25755	27314	29179	31217	27109	29019	31060
万亩以上灌区数量	Irrigation District with an Area of 10,000 mu and above	处	unit	5851	5844	5795	5824	7756	7709	7709	7773
其中：30万亩以上	Among Which: Irrigated Area up to 300,000 mu and above	处	unit	325	335	349	348	456	456	456	456
万亩以上灌区耕地灌溉面积	Irrigated Area of Irrigation District with an Area of 10,000 mu and above	千公顷	10³ha	29440	29562	29415	29748	30087	30216	30256	32302
其中：30万亩以上	Among Which: Irrigated Area up to 300,000 mu and above	千公顷	10³ha	15401	15575	15658	15786	11260	11252	11251	17686
机电排灌面积	Irrigated and Drainage Area with Mechanical and Electrical Equipment	千公顷	10³ha	39277	40016	40751	41465	42491			
其中：机电提灌面积	Among Which: Lifting Irrigated Area	千公顷	10³ha	34659	35581	36401	37079	38152			
排灌机械保有量	Registered Irrigation and Drainage Mechinery and Equipment	千千瓦	10³kW	85883	87530	87201	88237	102222			
固定机电排灌站	Fixed Irrigation and Drainage Stations	万处	10⁴unit	44.62	44.65	43.53	42.33	43.41			

① 耕地面积按国家统计局 2016 年中国统计年鉴数据 20.2498 亿亩。
① The data of irrigated area of Cultivated land is from China Statistical Yearbook 2016.

3-2 历年万亩以上灌区数量和耕地灌溉面积

Irrigation Districts with an Area above 10,000 mu, by Year

年份 Year	合计 Total		#50万亩以上灌区 Irrigation Districts with an Area up to 500,000 mu and above		#30万～50万亩灌区 Irrigation Districts with an Area from 300,000 to 500,000 mu	
	处数 /处 Number /unit	耕地灌溉面积 /千公顷 Irrigated Area of Cultivated Land /10³ha	处数 /处 Number /unit	耕地灌溉面积 /千公顷 Irrigated Area of Cultivated Land /10³ha	处数 /处 Number /unit	耕地灌溉面积 /千公顷 Irrigated Area of Cultivated Land /10³ha
1977	5322	20303	71	5656	74	1872
1978	5249	20227	74	5751	74	1849
1979	5227	20219	72	5793	71	1789
1980	5289	20486	66	5737	72	1817
1981	5247	20363	66	5720	71	1777
1982	5252	20578	66	5788	72	1825
1983	5288	20941	67	5941	76	1789
1984	5319	20775	71	5994	69	1738
1985	5281	20777	71	5996	66	1670
1986	5299	20869	70	5988	71	1793
1987	5343	21144	70	6014	75	1889
1988	5302	21075	71	6066	75	1877
1989	5331	21177	72	6119	78	1933
1990	5363	21231	72	6048	76	1896
1991	5665	23292	73	6169	91	2186
1992	5531	23632	74	6184	92	2270
1993	5567	24483	74	6239	92	2318
1994	5523	22353	74	6288	98	2429
1995	5562	22499	74	6314	99	2444
1996	5606	22062	75	6150	108	2665
1997	5579	22495	77	6408	115	2862
1998	5611	22747	79	6692	114	2769
1999	5648	23580	90	7632	123	3093
2000	5683	24493	101	7883	141	3440
2001	5686	24766	108	8617	169	4054
2002	5691	25030	110	9158	168	4072
2003	5729	25244	112	9381	169	4084
2004	5800	25506	111	9714	169	4057
2005	5860	26419	117	10230	170	4080
2006	5894	28021	119	10520	166	4092
2007	5869	28341	120	10519	174	4148
2008	5851	29440	120	10768	205	4633
2009	5844	29562	125	10828	210	4747
2010	5795	29415	131	10918	218	4740
2011	5824	29748	129	10990	219	4796
2012	7756	30191	177	6243	280	5017
2013	7709	30216	176	6241	280	5010
2014	7709	30256	176	6241	280	5010
2015	7773	32302	176	12024	280	5663

3-3 2015年万亩以上灌区数量和耕地灌溉面积（按地区分）

Irrigation Districts with an Area above 10,000 mu in 2015 (by Region)

地区	Region	合计 Total		#50万亩以上灌区 Irrigation Districts up to 500,000 mu and above		#30万~50万亩灌区 Irrigation Districts from 300,000 to 500,000 mu	
		处数 /处 Number /unit	耕地灌溉面积 /千公顷 Irrigated Area of Cultivated Land /10³ha	处数 /处 Number /unit	耕地灌溉面积 /千公顷 Irrigated Area of Cultivated Land /10³ha	处数 /处 Number /unit	耕地灌溉面积 /千公顷 Irrigated Area of Cultivated Land /10³ha
合　计	**Total**	**7773**	**32302**	**176**	**12024**	**280**	**5663**
北　京	Beijing	10	54			1	23
天　津	Tianjin	80	188			1	28
河　北	Hebei	149	1147	6	413	15	310
山　西	Shanxi	186	817	5	275	6	87
内蒙古	Inner Mongolia	211	1397	10	900	4	97
辽　宁	Liaoning	85	514	6	210	5	101
吉　林	Jilin	137	401	5	81	5	81
黑龙江	Heilongjiang	386	1022	3	125	22	284
上　海	Shanghai	1	2				
江　苏	Jiangsu	316	2243	7	272	28	643
浙　江	Zhejiang	207	596	4	132	8	131
安　徽	Anhui	499	2050	7	1043	3	101
福　建	Fujian	151	249			4	96
江　西	Jiangxi	314	787	5	175	13	179
山　东	Shandong	506	3245	19	1487	34	568
河　南	Henan	330	2398	18	1497	19	305
湖　北	Hubei	566	2647	15	793	25	562
湖　南	Hunan	683	1601	5	132	17	370
广　东	Guangdong	488	770	2	113	1	7
广　西	Guangxi	354	696	3	77	8	126
海　南	Hainan	46	114	1	99		
重　庆	Chongqing	125	152				
四　川	Sichuan	373	1290	6	831	4	47
贵　州	Guizhou	117	103				
云　南	Yunnan	333	780	2	59	10	168
西　藏	Tibet	83	61			1	19
陕　西	Shaanxi	186	811	8	445	4	72
甘　肃	Gansu	239	1184	4	202	19	418
青　海	Qinghai	89	29				
宁　夏	Ningxia	32	547	4	462	1	21
新　疆	Xinjiang	491	4405	31	2202	22	820

3-4 2015 年万亩以上灌区数量和耕地灌溉面积（按水资源分区分）

Irrigation Districts with an Area above 10,000 mu in 2015 (by Water Resources Sub-region)

水资源 一级区 Grade-I Water Resources Sub-region	合计 Total		#50 万亩以上灌区 Irrigated Area up to 500,000 mu and above		#30 万~50 万亩灌区 Irrigated Area from 300,000 to 500,000 mu	
	处数 /处 Number /unit	耕地灌溉面积 /千公顷 Irrigated Area of Cultivated Land /10³ha	处数 /处 Number /unit	耕地灌溉面积 /千公顷 Irrigated Area of Cultivated Land /10³ha	处数 /处 Number /unit	耕地灌溉面积 /千公顷 Irrigated Area of Cultivated Land /10³ha
合 计 Total	7773	32302	176	12024	280	5663
松花江区 Songhua River	562	1472	9	225	27	366
辽河区 Liaohe River	183	934	9	284	9	177
海河区 Haihe River	457	3514	20	1759	25	497
黄河区 Yellow River	745	3807	30	2260	20	357
淮河区 Huaihe River	951	5781	24	2152	64	1212
长江区 Yangtze River	2756	8531	40	2565	70	1396
东南诸河区 Rivers in Southeast	295	740	3	93	12	226
珠江区 Pearl River	980	1818	7	331	11	172
西南诸河区 Rivers in Southwest	251	418			4	71
西北诸河区 Rivers in Northwest	593	5288	34	2354	38	1189

3-5 2015年万亩以上灌区数量和耕地灌溉面积（按水资源分区和地区分）

Irrigation Districts with an Area above 10,000 mu in 2015
(by Water Resources Sub-region and Region)

地区	Region	合计 Total		#50万亩以上灌区 Irrigation Districts up to 500,000 mu and above		#30万~50万亩灌区 Irrigation Districts from 300,000 to 500,000 mu	
		处数 /处 Number /unit	耕地灌溉面积 /千公顷 Irrigated Area of Cultivated Land /10³ha	处数 /处 Number /unit	耕地灌溉面积 /千公顷 Irrigated Area of Cultivated Land /10³ha	处数 /处 Number /unit	耕地灌溉面积 /千公顷 Irrigated Area of Cultivated Land /10³ha
松花江区	**Songhua River**	562	1472	9	225	27	366
内蒙古	Inner Mongolia	44	62	1	19		
吉 林	Jilin	132	387	5	81	5	81
黑龙江	Heilongjiang	386	1022	3	125	22	284
辽河区	**Liaohe River**	183	934	9	284	9	177
内蒙古	Inner Mongolia	93	407	3	75	4	77
辽 宁	Liaoning	85	514	6	210	5	101
吉 林	Jilin	5	13				
海河区	**Haihe River**	457	3514	20	1759	25	497
北 京	Beijing	10	54			1	23
天 津	Tianjin	80	188			1	28
河 北	Hebei	149	1147	6	413	15	310
山 西	Shanxi	83	228			3	44
内蒙古	Inner Mongolia	2	1				
辽 宁	Liaoning						
山 东	Shandong	94	1479	10	1033	3	72
河 南	Henan	39	418	4	313	2	21
黄河区	**Yellow River**	745	3807	30	2260	20	357
山 西	Shanxi	103	589	5	275	3	43
内蒙古	Inner Mongolia	61	876	5	760		20
山 东	Shandong	58	163			3	36
河 南	Henan	106	535	7	249	6	118
陕 西	Shaanxi	151	716	7	418	4	72
甘 肃	Gansu	166	367	2	96	3	48
青 海	Qinghai	68	13				
宁 夏	Ningxia	32	547	4	462	1	21
淮河区	**Huaihe River**	951	5781	24	2152	64	1212
江 苏	Jiangsu	229	1900	6	272	25	570
安 徽	Anhui	229	1075	4	660	1	26
山 东	Shandong	354	1602	9	453	28	461
河 南	Henan	139	1204	5	766	10	155

3-5 续表 continued

地区	Region	合计 Total		#50万亩以上灌区 Irrigation Districts up to 500,000 mu and above		#30万~50万亩灌区 Irrigation Districts from 300,000 to 500,000 mu	
		处数 /处 Number /unit	耕地灌溉面积 /千公顷 Irrigated Area of Cultivated Land /10³ha	处数 /处 Number /unit	耕地灌溉面积 /千公顷 Irrigated Area of Cultivated Land /10³ha	处数 /处 Number /unit	耕地灌溉面积 /千公顷 Irrigated Area of Cultivated Land /10³ha
长江区	**Yangtze River**	2756	8531	40	2565	70	1396
上 海	Shanghai	1	2				
江 苏	Jiangsu	87	343	1		3	73
浙 江	Zhejiang	63	105	1	38		
安 徽	Anhui	267	970	3	383	2	76
江 西	Jiangxi	314	787	5	175	13	179
河 南	Henan	46	241	2	169	1	11
湖 北	Hubei	566	2647	15	793	25	562
湖 南	Hunan	673	1579	5	132	17	370
广 西	Guangxi	18	24				
重 庆	Chongqing	125	152				
四 川	Sichuan	373	1290	6	831	4	47
贵 州	Guizhou	85	75				
云 南	Yunnan	97	212	1	17	5	77
陕 西	Shaanxi	35	95	1	27		
甘 肃	Gansu	3	3				
青 海	Qinghai						
东南诸河区	**Rivers in Southeast**	295	740	3	93	12	226
浙 江	Zhejiang	144	491	3	93	8	131
安 徽	Anhui						
福 建	Fujian	151	249			4	96
珠江区	**Pearl River**	980	1818	7	331	11	172
湖 南	Hunan	10	22				
广 东	Guangdong	488	770	2	113	1	7
广 西	Guangxi	336	672	3	77	8	126
海 南	Hainan	46	114	1	99		
贵 州	Guizhou	32	27				
云 南	Yunnan	68	212	1	42	2	39
西南诸河区	**Rivers in Southwest**	251	418			4	71
云 南	Yunnan	168	357			3	52
西 藏	Tibet	83	61			1	19
青 海	Qinghai						
西北诸河区	**Rivers in Northwest**	593	5288	34	2354	38	1189
内蒙古	Inner Mongolia	11	52	1	46		
甘 肃	Gansu	70	815	2	106	16	370
青 海	Qinghai	21	17				
新 疆	Xinjiang	491	4405	31	2202	22	820

3-6 历年机电排灌站处数和装机容量

Installed Capacity of Irrigation and Drainage Stations with Mechanical and Electrical Equipment, by Year

年份 Year	机电排灌站 装机容量 /千千瓦 Installed Capacity of Mechanical and Electrical Irrigation and Drainage Stations /10³kW	固定机电排灌站 Fixed Irrigation and Drainage Stations				流动机 装机容量 /千千瓦 Installed Capacity of Mobile Equipment /10³kW	喷滴灌 装机容量 /千千瓦 Installed Capacity of Sprinkler and Drip /10³kW
		处数 /处 Number /unit	机械 Mechanical Equipment	电力 Electrical Equipment	装机容量 /千千瓦 Installed Capacity /10³kW		
1977		405472	162486	242986	13933		
1978		415898	160142	255756	15028		
1979		431730	155529	276201	16494		
1980		524426	234029	290397	17976		
1981		472299	175243	297056	18043		
1982		470819	166225	304594	18566		
1983		475350	159120	316230	19055		
1984		478130	151055	327075	19249		
1985		462269	133519	328750	19148		
1986		455616	122806	332810	19182		
1987		462100	115602	346498	19558		
1988		461085	107156	353929	19854		
1989		465377			19978		
1990		473680			20065		
1991		481566			23213		
1992		493599			22200		
1993		493501			21142		
1994		494349			21086		
1995		495700			21061		
1996		498063			21418		
1997		502861			21530		
1998		503805			21797		
1999		513883			21987		
2000	41570	506067			21798	17837	1934
2001	46670	516743			23510	20891	2269
2002	43604	507397			22881	18170	2553
2003	43039	502165			21988	18316	2735
2004	43748	494172			21912	19016	2820
2005	43599	489921			22176	18515	2908
2006	44726	473349			24531	20196	
2007	45789	443504			23953	18590	3247
2008	44378	446151			22327	18379	3671
2009	45174	446494			24474	16688	4011
2010	43987	435320			23305	16734	3947
2011	44030	423335			23111	16628	4291
2012	52791	434062			27158	19598	6034

注 2006 年流动机装机容量包含了喷滴灌装机容量。

Note The installed capacity of mobile equipment includes those of sprinklers and drips in 2006.

3-7　历年农田排灌机械保有量和装机容量
Registered Mechanical Equipment for Irrigation and Drainage, by Year

单位：千千瓦　　　　　　　　　　　　　　　　　　　　　　　　　　　　　　unit: 10^3kW

年份 Year	排灌机械保有量合计 Total Registered Machinery and Equipment for Irrigation and Drainage	#电动机 Motor	配套机电井装机容量 Installed Capacity of Counterpart Wells	机电排灌站装机容量 Installed Capacity of Irrigation and Drainage Stations	#固定机电排灌站 Fixed Irrigation and Drainage Stations
1951	84				
1952	94				
1953	104				
1954	121				
1955	153				
1956	282				
1957	415	71			
1958	886				
1959	2299	383			
1960	3540	624			
1961	3948	1016			
1962	4521	1648			
1963	5101	2164			
1964	5579	2675			
1965	6674	3259			
1970	13421				
1971	14598	6299			
1972	18126	10218			
1973	25442	12867			
1974	28894	14798			
1975	34810	17064	15765		11285
1976	39850	19824	18200		12730
1977	42920	21084	18453		13933
1978	47224	24200	20732		15028
1979	51329	25988	20616		16494
1980	53840	27355	20740		17976
1981	54548	28563	21228		18043
1982	55618	29894	21907		18566
1983	57923	31731	22814		19055
1984	59575	32942	22857		19249
1985	59414	33192	23151		19148
1986	59793	34059	22774		19182
1987	62422	35459	23706		19558
1988	64367	36424	25378		19854
1989	66354	37400	25932		19978
1990	68055	38311	26594		20065
1991	70485	39907	26451		23213
1992	65968	39895	27257		22200
1993	65845	39806	27648		21142
1994	66905	40706	27988		21086
1995	68241	41764	29001		21061
1996	70196	43034	30468		21418
1997	72686		32215		21530
1998	75594		33606		21797
1999	77009		35242		21987
2000	77477		35908	41570	21798
2001	87999		41329	46670	23510
2002	81295		37692	43604	22881
2003	80780		37741	43039	21988
2004	82159		38411	43748	21912
2005	82469		38871	43599	22176
2006	85443		40718	44726	24531
2007	86684		40894	45789	23953
2008	85883		41505	44378	22327
2009	87530		42356	45174	24474
2010	87201		43215	43987	23305
2011	88237		44207	44030	23111
2012	102222		49431	52791	27158

3-8 历年机电井眼数和装机容量

Mechanical and Electrical Wells, by Year

年份 Year	机电井眼数 /万眼 Number of Mechanical and Electrical Wells /10⁴unit	#灌溉机电井 Mechanical and Electrical Wells for Irrigation	配套机电井眼数 /万眼 Number of Counterpart Mechanical and Electrical Wells /10⁴unit	#灌溉机电井 Mechanical and Electrical Wells for Irrigation	配套机电井装机容量 /千千瓦 Installed Capacity of Counterpart Mechanical and Electrical Wells /10³kW	#灌溉机电井 Mechanical and Electrical Wells for Irrigation
1965		19.42		19.42		
1966		22.84		15.26		
1969		74.87		43.41		
1970		91.89		62.7		
1971		113.31		80.67		
1972		134.91		100.76		
1973		170.02		130.35		
1974		194.62		157.09		
1975		217.46		181.75		15765
1976		240.73		203.32		18200
1977		254.59		210.88		18463
1978		265.87		221.83		20732
1979		273.25		229.37		20616
1980		269.1		229.06		20740
1981		266.47		229.77		21228
1982		271.46		234.31		21901
1983		278.12		241.3		22814
1984		279.86		240.31		22857
1985		277		237.04		23151
1986		276.65		236.39		22774
1987		282.31		243.02		23706
1988		291.83		251.9		25378
1989		305.47		263.29		25932
1990		314.92		273.11		26594
1991		324.64		283.27		26451
1992		335.39		294.58		27257
1993		342.48		302.16		27648
1994		345.59		306.3		27988
1995		355.91		316.98		29001
1996		373		332.55		30468
1997		399.84		355.07		32215
1998		417.88		371.75		33606
1999		434.06		386.67		35242
2000		444.81		398.96		35908
2001		454.66		409.23		41329
2002		465.57		418.35		37692
2003		470.94		422.43		37741
2004		475.58		426.24		38411
2005		478.57		428.2		38871
2006		485.85		436.53		40718
2007	511.8	484.9	461.39	438.84	46286	40894
2008	522.58	488.74	474.12	443.86	46571	41505
2009	529.31	493.82	482.56	450.8	49859	42356
2010	533.71	501.21	487.2	458.18	51446	43215
2011	541.38	507.9	494.83	464.94	54048	43757
2012	454.33					
2013	458.36					
2014	469.11					
2015	483.25					

注　2006 年以前（含 2006 年）只统计灌溉机电井，2007 年以后还包括供水机电井。

Note　Before 2006 (including 2006), the statistical data only includes mechanical and electrical wells for irrigation; after 2007 it also include wells for water supply.

3-9 历年灌溉面积

Irrigated Area by Year

单位：千公顷 unit: 10³ha

年份 Year	灌溉面积总计 Total Irrigated Area	耕地 灌溉面积 Irrigated Area of Cultivated Land	林地 灌溉面积 Irrigated Area of Forest	果园 灌溉面积 Irrigated Area of Fruit Garden	牧草 灌溉面积 Irrigated Area of Pasture Land	其他 灌溉面积 Others	耕地实灌面积 Actual Irrigated Area	旱涝保收面积 Harvest Area Guaranteed in Case of Flood and Drought
1953		22250.7						
1954		23222.7						
1955		24609.3						
1957		25004.7						
1962		28696.7						
1965		32036						
1972		40642						
1973		43810.7						
1974		45707.3						
1975		46120.7					39281.3	
1976		45463.3					40825.3	
1977		48186.7					40559.3	
1978		48053.3					41714.7	
1979		48318.7					41663.3	
1980		48888					39906	
1981		48600					39656.7	
1982		48663.3					40177.3	
1983		48546					39383.3	
1984		48400					39933.3	
1985		47932.7					38671.3	
1986		47872.7					39938	
1987		47966.7					39861.3	33349.3
1988		47980.7					41188.7	33570.7
1989		48337.3					40695.3	33994
1990		48389.3					41437.3	34365.3
1991		48951.3					42884	34720
1992		49464					43501.3	35374
1993		49839.3					42914	35631.3
1994		49938					43610.7	36140
1995		50412.7					44102	36636
1996		51160.7					44768.7	37187.3
1997		52268.7					46187.3	38102
1998		53400					47036	38760.7
1999		54366					47709.3	39375.3
2000	59341.6	55013.2	1072.8	1601.3	1001.3	653	47965.2	40164.3
2001	60025.4	55517	1136.5	1665.7	1035.9	670.1	48398.4	40532.2
2002	60753.1	55857.9	1252	1759.6	1194.9	660.9	48434.6	40594.9
2003	61056.1	55900.6	1468.2	1835.1	1186.7	665.5	47383.2	40852.5
2004	61511.2	56252.1	1573.3	1862.5	1185	638.3	47783.9	40740.6
2005	61897.9	56562.4	1636.6	1861	1172	672.5	47968.7	41337.7
2006	62559.1	57078.4	1562.1	1988.6	1201.2	728.8	49024.5	41335
2007	63413.5	57782.4	1598.4	2039.4	1225.5	767.8	49936.9	41745.7
2008	64119.7	58471.7	1648.9	2065	1214.4	719.7	50665.5	42024.9
2009	65164.6	59261.5	1774.7	2088.6	1246.9	793	51806.6	42358.2
2010	66352.3	60347.7	1821.9	2151.4	1257.6	773.7	52589	42871.5
2011	67742.9	61681.6	1899.2	2178.2	1264.7	719.2	53982.2	43383.4
2012	67782.7	62490.5	1766.8	2189.8	819.4	516.2		
2013	69481.4	63473.3	2111.3	2315.1	1059.4	522.2	53105.4	
2014	70651.7	64539.5	2228.7	2376.2	1092.4	414.8	54974.9	
2015	72060.8	65872.6	2211.1	2433.3	1079.2	464.5	56739.4	

3-10 历年人均耕地灌溉面积和机电灌溉占有效灌溉比重

Irrigated Area Per Capita and Proportion of Mechanical & Electrical Equipment in Effective Irrigated Area, by Year

年份 Year	人均耕地灌溉面积/亩每人 Irrigated Area Per Capita/(mu/person)		机电排灌面积占耕地灌溉面积的比重/% Proportion of Total Mechanical and Electrical Equipment in Effective Irrigated Area /%
	按总人口 Based on Total Population	按乡村人口 Based on Total Rural Population	
1950	0.45	0.54	
1951	0.49	0.58	
1952	0.50	0.59	1.6
1953	0.57	0.67	
1954	0.58	0.68	
1955	0.60	0.71	
1957	0.58	0.69	4.8
1962	0.64	0.77	
1965	0.66	0.80	25.3
1972	0.70	0.83	
1973	0.74	0.87	
1974	0.76	0.89	
1975	0.75	0.89	51.8
1976	0.79	0.93	
1977	0.76	0.90	
1978	0.75	0.89	52.7
1979	0.74	0.89	54.4
1980	0.74	0.90	54.1
1982	0.72	0.87	54.1
1983	0.71	0.87	54.3
1984	0.70	0.87	54.1
1985	0.69	0.86	54.9
1986	0.68	0.80	55.0
1987	0.67	0.84	55.7
1988	0.66	0.83	55.8
1989	0.66	0.83	55.9
1990	0.63	0.81	56.3
1991	0.64	0.82	56.1
1992	0.64	0.82	57.4
1993	0.63	0.83	57.3
1994	0.63	0.83	57.4
1995	0.62	0.82	57.7
1996	0.63	0.83	58.2
1997	0.63	0.86	58.6
1998	0.64	0.88	59.1
1999	0.65	0.86	59.2
2000	0.65	0.87	59.3
2001	0.65	0.89	59.4
2002	0.66	0.90	59.5
2003	0.65	0.89	59.6
2004	0.65	0.90	58.4
2005	0.65	0.89	66.9
2006	0.65	0.90	65.8
2007	0.66	1.19	67.0
2008	0.66	1.22	67.2
2009	0.67	1.25	67.5
2010	0.68	1.34	67.5
2011	0.69	1.41	67.2
2012	0.69	1.46	68.0
2013	0.70	1.51	—
2014	0.71	1.56	—
2015	0.72	1.64	—

3-11　2015 年灌溉面积（按地区分）

Irrigated Area in 2015 (by Region)

单位：千公顷　　　　　　　　　　　　　　　　　　　　　　　　　　　　　　　　　　　　unit: 10³ha

地区 Region		灌溉面积 总计 Total Irrigated Area	耕地 灌溉面积 Irrigated Area of Cultivated Land	林地 灌溉面积 Irrigated Area of Forest	果园 灌溉面积 Irrigated Area of Fruit Garden	牧草 灌溉面积 Irrigated Area of Pasture Land	其他 灌溉面积 Others
合　计	**Total**	**72060.79**	**65872.64**	**2211.11**	**2433.34**	**1079.16**	**464.53**
北　京	Beijing	237.56	137.35	56.47	38.77	1.04	3.93
天　津	Tianjin	326.62	308.87	11.49	6.26		
河　北	Hebei	4790.29	4447.98	114.60	214.20	9.32	4.20
山　西	Shanxi	1560.32	1460.28	40.98	46.38	5.00	7.68
内蒙古	Inner Mongolia	3684.83	3086.90	84.26	9.60	504.07	0.00
辽　宁	Liaoning	1662.96	1520.31	14.69	92.60	6.38	28.98
吉　林	Jilin	1836.40	1790.87	2.62	8.40	13.97	20.53
黑龙江	Heilongjiang	5551.30	5530.84	5.91	7.81	5.05	1.70
上　海	Shanghai	302.00	188.21	47.17	16.81	1.36	48.45
江　苏	Jiangsu	4247.64	3952.50	117.14	124.78	8.87	44.35
浙　江	Zhejiang	1552.11	1432.15	29.74	68.62	0.89	20.70
安　徽	Anhui	4482.65	4400.34	31.82	45.19	0.82	4.48
福　建	Fujian	1188.21	1061.65	38.49	76.04	4.36	7.66
江　西	Jiangxi	2094.57	2027.67	17.80	41.85		7.25
山　东	Shandong	5571.88	4964.43	202.90	347.63	6.41	50.51
河　南	Henan	5333.90	5210.64	63.58	46.39	0.05	13.24
湖　北	Hubei	3153.84	2899.15	67.32	71.20	2.75	113.42
湖　南	Hunan	3210.04	3113.32	30.32	42.35	0.51	23.55
广　东	Guangdong	2066.64	1771.26	55.27	238.32		1.80
广　西	Guangxi	1693.06	1618.79	12.56	61.71		
海　南	Hainan	331.64	263.99	44.52	18.91	0.87	3.34
重　庆	Chongqing	691.38	687.19	0.03	4.16		
四　川	Sichuan	2963.37	2735.09	88.28	126.05	8.97	4.98
贵　州	Guizhou	1071.88	1065.43	1.70	3.30	0.08	1.37
云　南	Yunnan	1854.09	1757.71	17.49	60.29	4.36	14.23
西　藏	Tibet	445.96	247.80	27.55	29.22	140.34	1.06
陕　西	Shaanxi	1358.96	1236.77	10.63	96.02	1.35	14.19
甘　肃	Gansu	1501.76	1306.72	146.83	31.51	16.70	
青　海	Qinghai	269.00	196.99	30.08	4.50	37.43	
宁　夏	Ningxia	593.44	506.53	44.69	23.43	15.37	3.42
新　疆	Xinjiang	6432.49	4944.92	754.18	431.04	282.84	19.51

3-12 2015 年灌溉面积（按水资源分区分）

Irrigated Area in 2015 (by Water Resources Sub-region)

单位：千公顷
unit: 10³ha

水资源 一级区	Grade-I Water Resources Region	灌溉面积 总计 Total Irrigated Area	耕地 灌溉面积 Irrigated Area of Cultivated Land	林地 灌溉面积 Irrigated Area of Forest	果园 灌溉面积 Irrigated Area of Fruit Garden	牧草 灌溉面积 Irrigated Area of Pasture Land	其他 灌溉面积 Others
合 计	**Total**	**72060.79**	**65872.64**	**2211.11**	**2433.34**	**1079.16**	**464.53**
松花江区	Songhua River	7924.45	7790.86	11.44	16.23	83.70	22.23
辽河区	Liaohe River	2996.19	2675.28	36.70	91.57	163.66	28.98
海河区	Haihe River	8160.06	7522.84	269.52	313.93	29.14	24.64
黄河区	Yellow River	6094.04	5462.04	206.70	212.92	185.83	26.55
淮河区	Huaihe River	12779.45	12047.77	246.62	416.36	6.79	61.92
长江区	Yangtze River	17930.46	16911.15	346.71	404.12	22.58	245.91
东南诸河区	Rivers in Southeast	2304.35	2078.13	63.37	137.12	5.20	20.52
珠江区	Pearl River	4704.53	4258.73	109.97	327.41	1.00	7.42
西南诸河区	Rivers in Southwest	1443.87	1196.21	32.84	67.45	140.28	6.86
西北诸河区	Rivers in Northwest	7723.38	5929.64	887.25	446.23	440.98	19.51

3-13 2015年灌溉面积（按水资源分区和地区分）

Irrigated Area in 2015 (by Water Resources Sub-region and Region)

单位：千公顷   unit: 10³ha

地区 Region		灌溉面积 总计 Total Irrigated Area	耕地 灌溉面积 Irrigated Area of Cultivated Land	林地 灌溉面积 Irrigated Area of Forest	果园 灌溉面积 Irrigated Area of Fruit Garden	牧草 灌溉面积 Irrigated Area of Pasture Land	其他 灌溉面积 Others
松花江区	**Songhua River**	**7924.45**	**7790.86**	**11.44**	**16.23**	**83.70**	**22.23**
内蒙古	Inner Mongolia	646.56	578.87	2.91	0.05	64.73	
吉 林	Jilin	1726.59	1681.15	2.62	8.37	13.92	20.53
黑龙江	Heilongjiang	5551.30	5530.84	5.91	7.81	5.05	1.70
辽河区	**Liaohe River**	**2996.19**	**2675.28**	**36.70**	**91.57**	**163.66**	**28.98**
内蒙古	Inner Mongolia	1238.12	1056.72	22.18	1.99	157.23	
辽 宁	Liaoning	1648.27	1508.84	14.52	89.55	6.38	28.98
吉 林	Jilin	109.81	109.72		0.03	0.05	
海河区	**Haihe River**	**8160.06**	**7522.84**	**269.52**	**313.93**	**29.14**	**24.64**
北 京	Beijing	237.56	137.35	56.47	38.77	1.04	3.93
天 津	Tianjin	326.62	308.87	11.49	6.26		
河 北	Hebei	4790.29	4447.98	114.60	214.20	9.32	4.20
山 西	Shanxi	549.97	529.29	12.38	3.22	4.30	0.78
内蒙古	Inner Mongolia	75.80	65.94	0.29		9.57	
辽 宁	Liaoning	14.69	11.47	0.17	3.05		
山 东	Shandong	1528.99	1407.63	67.06	41.52	4.91	7.87
河 南	Henan	636.14	614.31	7.06	6.91		7.86
黄河区	**Yellow River**	**6094.04**	**5462.04**	**206.70**	**212.92**	**185.83**	**26.55**
山 西	Shanxi	1010.35	930.99	28.60	43.16	0.70	6.90
内蒙古	Inner Mongolia	1500.47	1290.43	49.95	7.12	152.97	
山 东	Shandong	347.03	318.73	6.33	19.86		2.11
河 南	Henan	811.72	773.07	22.52	11.40	0.05	4.68
陕 西	Shaanxi	1165.31	1057.49	8.68	88.50	1.20	9.44
甘 肃	Gansu	491.80	444.51	26.74	15.71	4.84	
青 海	Qinghai	173.92	140.29	19.19	3.74	10.70	
宁 夏	Ningxia	593.44	506.53	44.69	23.43	15.37	3.42
淮河区	**Huaihe River**	**12779.45**	**12047.77**	**246.62**	**416.36**	**6.79**	**61.92**
江 苏	Jiangsu	2890.82	2723.57	77.44	64.01	5.19	20.61
安 徽	Anhui	2816.93	2766.08	10.55	40.12	0.10	0.08
山 东	Shandong	3695.86	3238.07	129.51	286.25	1.50	40.53
河 南	Henan	3375.85	3320.05	29.12	25.97		0.70

3-13 续表 continued

地区 Region		灌溉面积 总计 Total Irrigated Area	耕地 灌溉面积 Irrigated Area of Cultivated Land	林地 灌溉面积 Irrigated Area of Forest	果园 灌溉面积 Irrigated Area of Fruit Garden	牧草 灌溉面积 Irrigated Area of Pasture Land	其他 灌溉面积 Others
长江区	**Yangtze River**	**17930.46**	**16911.15**	**346.71**	**404.12**	**22.58**	**245.91**
上　海	Shanghai	302.00	188.21	47.17	16.81	1.36	48.45
江　苏	Jiangsu	1356.82	1228.93	39.70	60.77	3.68	23.74
浙　江	Zhejiang	435.98	415.68	4.86	7.54	0.05	7.84
安　徽	Anhui	1665.72	1634.26	21.27	5.07	0.72	4.40
江　西	Jiangxi	2094.57	2027.67	17.80	41.85		7.25
河　南	Henan	510.19	503.21	4.88	2.10		
湖　北	Hubei	3153.84	2899.15	67.32	71.20	2.75	113.42
湖　南	Hunan	3164.98	3069.65	30.23	41.10	0.50	23.51
广　西	Guangxi	69.11	62.74	4.16	2.21		
重　庆	Chongqing	691.38	687.19	0.03	4.16		
四　川	Sichuan	2963.37	2735.09	88.28	126.05	8.97	4.98
贵　州	Guizhou	803.69	798.82	1.70	3.09	0.08	0.00
云　南	Yunnan	488.34	453.36	10.52	12.84	4.07	7.56
陕　西	Shaanxi	193.65	179.28	1.95	7.52	0.15	4.75
甘　肃	Gansu	36.70	27.83	6.83	1.80	0.24	0.00
青　海	Qinghai	0.14	0.10	0.01	0.01	0.01	0.00
东南诸河区	**Rivers in Southeast**	**2304.35**	**2078.13**	**63.37**	**137.12**	**5.20**	**20.52**
浙　江	Zhejiang	1116.14	1016.48	24.88	61.08	0.84	12.86
安　徽	Anhui						
福　建	Fujian	1188.21	1061.65	38.49	76.04	4.36	7.66
珠江区	**Pearl River**	**4704.53**	**4258.73**	**109.97**	**327.41**	**1.00**	**7.42**
湖　南	Hunan	45.06	43.67	0.09	1.25	0.01	0.04
广　东	Guangdong	2066.64	1771.26	55.27	238.32		1.80
广　西	Guangxi	1623.95	1556.05	8.40	59.50		
海　南	Hainan	331.64	263.99	44.52	18.91	0.87	3.34
贵　州	Guizhou	268.20	266.62		0.21		1.37
云　南	Yunnan	369.04	357.14	1.69	9.22	0.12	0.87
西南诸河区	**Rivers in Southwest**	**1443.87**	**1196.21**	**32.84**	**67.45**	**140.28**	**6.86**
云　南	Yunnan	996.71	947.22	5.29	38.24	0.17	5.80
西　藏	Tibet	445.96	247.80	27.55	29.22	140.11	1.06
青　海	Qinghai	1.20	1.20				
西北诸河区	**Rivers in Northwest**	**7723.38**	**5929.64**	**887.25**	**446.23**	**440.98**	**19.51**
内蒙古	Inner Mongolia	223.88	94.94	8.93	0.44	119.57	
甘　肃	Gansu	973.26	834.38	113.26	14.00	11.62	
青　海	Qinghai	93.75	55.40	10.88	0.75	26.72	
新　疆	Xinjiang	6432.49	4944.92	754.18	431.04	282.84	19.51

3-14 历年耕地灌溉面积减少原因

Reasons of Decrease of Irrigated Area, by Year

单位：千公顷   unit: 10³ha

年份 Year	耕地灌溉面积 Irrigated Area of Cultivated Land		耕地灌溉面积减少原因 Reasons of Decrease of Irrigated Area					
	新增 Newly- increased	减少 Decrease	工程老化、毁损 Aging and Damage of Structures	机井报废 Abortion of Wells	建设占地 Land Occupation by Construction	长期水源不足 Long-term Insufficiency of Water Sources	退耕 Converting Farmland to Other Usage	其他 Others
2002	1251.42	901.21	325.95	12.27	197.74		141.17	224.09
2003	1226.08	1183.39	404.32	19.96	216.77		228.24	314.09
2004	1159.95	808.45	281.74	14.98	206.02		100.59	205.13
2005	1012.35	697.34	237.31	14.91	199.94		68.43	176.76
2006	1343.11	796.86	183.12		123.67	100.06	39.69	350.32
2007	1344.05	608.63	192.26		125.89	54.62	51.93	183.93
2008	1318.27	648.41	239.55		97.04	96.52	22.95	192.35
2009	1533.1	742.85	245.13		126.19	79.36	25.62	266.55
2010	1721.64	659.17	250.41		91.06	87.38	47.55	182.78
2011	2129.97	803.32	294.03		104.05	88.81	19.16	297.28
2012	2151.38	743.78	335.11		107.92	78.55	17.48	204.72
2013	1552.29	473.27	85.99		87.22	73.24	59.54	167.28
2014	1647.77	685.62	73.86		99.69	151.85	40.77	319.45
2015	1797.66	463.94	56.63		67.47	95.64	25.07	219.15

3-15 2015年耕地灌溉面积减少原因（按地区分）

Reasons of Decrease of Irrigated Area in 2015 (by Region)

单位：千公顷 unit: 10³ha

地区	Region	耕地灌溉面积 Irrigated Area of Cultivated Land		耕地灌溉面积减少原因 Reasons of Decrease of Irrigated Area				
		新增 Newly-increased	减少 Decrease	工程老化、毁损 Aging and Damage of Structures	建设占地 Land Occupation by Construction	长期水源不足 Long-term Insufficiency of Water Sources	退耕 Converting Farmland to Other Usage	其他 Others
合 计	Total	1797.66	463.94	95.64	56.63	67.47	25.07	219.15
北 京	Beijing	0.79	6.54		1.83		4.36	0.36
天 津	Tianjin							
河 北	Hebei	74.54	30.78	6.59	4.32	7.30	1.29	11.28
山 西	Shanxi	66.92	14.79	0.98	0.33	0.17		13.31
内蒙古	Inner Mongolia	71.08	0.94		0.61	0.33		
辽 宁	Liaoning	56.96	10.62	0.16		3.79		6.67
吉 林	Jilin	164.68	2.25			2.25		
黑龙江	Heilongjiang	328.01	102.37	30.89	1.73	12.23	0.06	57.46
上 海	Shanghai	4.12						
江 苏	Jiangsu	92.14	30.17	1.40	2.72			26.05
浙 江	Zhejiang	17.15	10.37	0.68	1.38	0.24	0.41	7.66
安 徽	Anhui	71.30	2.65	0.93	1.54		0.18	
福 建	Fujian	13.15	60.58	0.80	1.93	1.06	0.01	56.77
江 西	Jiangxi	28.16	2.07	0.11	0.67	0.10	0.01	1.18
山 东	Shandong	87.58	25.10	6.57	2.37	8.06	0.88	7.22
河 南	Henan	197.29	82.90	36.21	7.40	22.04	1.83	15.41
湖 北	Hubei	49.78	5.96		1.92			4.04
湖 南	Hunan	12.49	0.87	0.38	0.32	0.17		
广 东	Guangdong	0.27						
广 西	Guangxi	19.74	0.95	0.38	0.02	0.55		
海 南	Hainan	6.44	2.37		0.95		0.95	0.47
重 庆	Chongqing	10.59	0.55	0.03	0.47	0.02	0.03	
四 川	Sichuan	79.59	10.82	2.09	5.79	0.78	0.21	1.95
贵 州	Guizhou	77.05	0.18	0.05	0.04			0.09
云 南	Yunnan	60.94	12.25	1.09	5.65	3.14	1.51	0.86
西 藏	Tibet	16.49	3.39				3.39	
陕 西	Shaanxi	30.28	19.98	6.23	4.78	4.44	0.25	4.28
甘 肃	Gansu	10.07	0.23	0.06	0.07			0.10
青 海	Qinghai	5.47	0.30		0.30			
宁 夏	Ningxia	8.87	1.25		1.00			0.25
新 疆	Xinjiang	135.74	22.72		8.49	0.80	9.70	3.73

3-16 2015年耕地灌溉面积减少原因（按水资源分区分）

Reasons of Decrease of Irrigated Area in 2015
(by Water Resources Sub-region)

单位：千公顷   unit:10³ha

水资源 一级区	Grade-I Water Resources Sub-region	耕地灌溉面积 Irrigated Area of Cultivated Land		耕地灌溉面积减少原因 Reasons of Decrease of Irrigated Area				
		新增 Newly- increased	减少 Decrease	工程老化、毁损 Aging and Damage of Structures	建设占地 Land Occupation by Construction	长期水源不足 Long-term Insufficiency of Water Sources	退耕 Converting Farmland to Other Usage	其他 Others
合 计 **Total**	**Total**	**1797.66**	**463.94**	**95.64**	**56.63**	**67.47**	**25.07**	**219.15**
松花江区	Songhua River	549.86	104.82	30.89	1.93	14.48	0.06	57.46
辽河区	Liaohe River	60.87	9.96	0.16		3.13		6.67
海河区	Haihe River	132.15	52.19	9.11	7.52	11.71	5.65	18.21
黄河区	Yellow River	114.78	36.51	7.56	6.73	4.88	1.83	15.51
淮河区	Huaihe River	324.06	91.76	35.10	8.88	18.78	1.05	27.95
长江区	Yangtze River	333.02	59.64	9.86	14.08	9.47	0.68	25.55
东南诸河区	Rivers in Southeast	28.44	69.11	1.47	3.14	1.29	0.40	62.80
珠江区	Pearl River	55.48	6.84	0.53	4.12	0.57	1.02	0.60
西南诸河区	Rivers in Southwest	54.52	10.06	0.95	1.73	2.03	4.68	0.67
西北诸河区	Rivers in Northwest	144.48	23.05		8.49	1.13	9.70	3.73

3-17 2015 年耕地灌溉面积减少原因（按水资源分区和地区分）

Reasons of Decrease of Irrigated Area in 2015
(by Water Resources Sub-region and Region)

单位：千公顷   unit: 10³ha

地区	Region	耕地灌溉面积 Irrigated Area of Cultivated Land		耕地灌溉面积减少原因 Reasons of Decrease of Irrigated Area				
		新增 Newly-increased	减少 Decrease	工程老化、毁损 Aging and Damage of Structures	建设占地 Land Occupation by Construction	长期水源不足 Long-term Insufficiency of Water Sources	退耕 Converting Farmland to Other Usage	其他 Others
松花江区	**Songhua River**	**549.86**	**104.82**	**30.89**	**1.93**	**14.48**	**0.06**	**57.46**
内 蒙 古	Inner Mongolia	57.17	0.20		0.20			
吉 林	Jilin	164.68	2.25			2.25		
黑 龙 江	Heilongjiang	328.01	102.37	30.89	1.73	12.23	0.06	57.46
辽河区	**Liaohe River**	**60.87**	**9.96**	**0.16**		**3.13**		**6.67**
内 蒙 古	Inner Mongolia	4.64						
辽 宁	Liaoning	56.23	9.96	0.16		3.13		6.67
吉 林	Jilin							
海河区	**Haihe River**	**132.15**	**52.19**	**9.11**	**7.52**	**11.71**	**5.65**	**18.21**
北 京	Beijing	0.79	6.54		1.83		4.36	0.36
天 津	Tianjin							
河 北	Hebei	74.54	30.78	6.59	4.32	7.30	1.29	11.28
山 西	Shanxi	29.96	3.18	0.86	0.31	0.05		1.96
内 蒙 古	Inner Mongolia	1.75						
辽 宁	Liaoning	0.73	0.66			0.66		
山 东	Shandong	16.79	5.46		0.43	1.34		3.69
河 南	Henan	7.60	5.57	1.66	0.63	2.36		0.92
黄河区	**Yellow River**	**114.78**	**36.51**	**7.56**	**6.73**	**4.88**	**1.83**	**15.51**
山 西	Shanxi	36.96	11.61	0.12	0.02	0.12		11.35
内 蒙 古	Inner Mongolia	5.92	0.41		0.41			
山 东	Shandong	5.60	0.34		0.01	0.32		0.01
河 南	Henan	25.46	5.04	1.76	1.02	0.44	1.66	0.16
陕 西	Shaanxi	24.70	17.33	5.62	3.90	4.00	0.17	3.64
甘 肃	Gansu	5.21	0.23	0.06	0.07			0.10
青 海	Qinghai	2.07	0.30		0.30			
宁 夏	Ningxia	8.87	1.25		1.00			0.25
淮河区	**Huaihe River**	**324.06**	**91.76**	**35.10**	**8.88**	**18.78**	**1.05**	**27.95**
江 苏	Jiangsu	65.40	10.89	0.40	0.40			10.09
安 徽	Anhui	54.48	2.23	0.93	1.30			
山 东	Shandong	65.19	19.30	6.57	1.93	6.40	0.88	3.52
河 南	Henan	138.99	59.34	27.20	5.25	12.38	0.17	14.34

3-17 续表 continued

地区 Region		耕地灌溉面积 Irrigated Area of Cultivated Land		耕地灌溉面积减少原因 Reasons of Decrease of Irrigated Area				
		新增 Newly- increased	减少 Decrease	工程老化、毁损 Aging and Damage of Structures	建设占地 Land Occupation by Construction	长期水源不足 Long-term Insufficiency of Water Sources	退耕 Converting Farmland to Other Usage	其他 Others
长江区	**Yangtze River**	**333.02**	**59.64**	**9.86**	**14.08**	**9.47**	**0.68**	**25.55**
上　海	Shanghai	4.12						
江　苏	Jiangsu	26.74	19.28	1.00	2.32			15.96
浙　江	Zhejiang	1.86	1.84	0.01	0.17	0.01	0.02	1.63
安　徽	Anhui	16.82	0.42		0.24		0.18	
江　西	Jiangxi	28.16	2.07	0.11	0.67	0.10	0.01	1.18
河　南	Henan	25.24	12.95	5.59	0.50	6.86		
湖　北	Hubei	49.78	5.96		1.92			4.04
湖　南	Hunan	12.37	0.87	0.38	0.32	0.17		
广　西	Guangxi	0.08						
重　庆	Chongqing	10.59	0.55	0.03	0.47	0.02	0.03	
四　川	Sichuan	79.59	10.82	2.09	5.79	0.78	0.21	1.95
贵　州	Guizhou	56.86	0.01		0.01			
云　南	Yunnan	14.10	2.22	0.04	0.79	1.09	0.15	0.15
陕　西	Shaanxi	5.58	2.65	0.61	0.88	0.44	0.08	0.64
甘　肃	Gansu	1.12						
青　海	Qinghai							
东南诸河区	**Rivers in Southeast**	**28.44**	**69.11**	**1.47**	**3.14**	**1.29**	**0.40**	**62.80**
浙　江	Zhejiang	15.29	8.53	0.67	1.21	0.23	0.39	6.03
安　徽	Anhui							
福　建	Fujian	13.15	60.58	0.80	1.93	1.06	0.01	56.77
珠江区	**Pearl River**	**55.48**	**6.84**	**0.53**	**4.12**	**0.57**	**1.02**	**0.60**
湖　南	Hunan	0.12						
广　东	Guangdong	0.27						
广　西	Guangxi	19.66	0.95	0.38	0.02	0.55		
海　南	Hainan	6.44	2.37		0.95		0.95	0.47
贵　州	Guizhou	20.18	0.17	0.05	0.03			0.09
云　南	Yunnan	8.81	3.35	0.10	3.12	0.02	0.07	0.04
西南诸河区	**Rivers in Southwest**	**54.52**	**10.06**	**0.95**	**1.73**	**2.03**	**4.68**	**0.67**
云　南	Yunnan	38.03	6.67	0.95	1.73	2.03	1.29	0.67
西　藏	Tibet	16.49	3.39				3.39	
青　海	Qinghai							
西北诸河区	**Rivers in Northwest**	**144.48**	**23.05**		**8.49**	**1.13**	**9.70**	**3.73**
内蒙古	Inner Mongolia	1.60	0.33			0.33		
甘　肃	Gansu	3.74						
青　海	Qinghai	3.40						
新　疆	Xinjiang	135.74	22.72		8.49	0.80	9.70	3.73

3-18 历年机电灌溉面积

Lifting Irrigated Area by Year

单位：千公顷   unit: 10³ha

年份 Year	机电排灌 面积 Irrigated and Drainage Area with Mechanical and Electrical Equipment	机电提灌 面积合计 Total Lifting Irrigated Area	#机电井 Mechanical and Electrical Well	固定站 Fixed Station	流动机 Mobile Equipment	纯排面积 Drainage Area Only
1951	285.33					
1952	317.33					
1953	349.33					
1954	396.00					
1955	529.33					
1956	786.00					
1957	1202.00					
1961	4932.67					
1962	6135.33					
1963	5474.00					
1964	6246.00					
1965	8093.33					
1970	14992.00					
1971	16063.33					
1972	19549.33					
1973	21976.00					
1974	24588.67					
1975		23908.00				
1976	28850.67					
1977	28778.67					
1978	30368.00	25335.33				
1979		26305.33				
1980		26440.00				
1982		26316.00				
1983		26302.67				
1984		26182.67				
1985		26298.00				
1986		26346.00				
1987	30763.33	26729.33	11087.33			
1988	30729.33	26728.67	11216.67			
1989	31032.00	27038.00	11435.33			
1990	31225.33	27235.33	11739.33			
1991	31489.33	27449.33	12111.33			
1992	32496.00	28379.33	12253.33			
1993	32596.00	28550.00	12487.33			
1994	32739.33	28642.00	12526.00			
1995	33274.00	29070.00	12789.33			
1996	34005.33	29751.33	13358.00			
1997	34915.33	30654.00	14131.33			
1998	35874.00	31570.00	14702.67			
1999	36554.00	32191.33	15000.67			
2000	36854.65	32617.80	15127.02	12203.14	3637.82	4236.85
2001	37107.41	33004.01	16309.19	12330.34	3630.53	4103.40
2002	37323.30	33209.58	16411.35	12312.55	3636.75	4113.73
2003	37354.03	33294.28	16512.60	12259.25	3596.13	4059.76
2004	36978.56	32873.33	16936.66	12205.17	3598.49	4105.13
2005	37867.51	33516.94	17046.12	12062.57	3515.88	4349.34
2006	37563.34	33091.40	16798.61	11350.62	2736.21	4471.94
2007	38715.60	34264.86	16893.65	11409.77	3131.62	4450.74
2008	39277.47	34659.23	17163.39	11152.60	3157.11	4618.25
2009	40016.33	35580.95	17480.25	11360.22	3199.92	4435.39
2010	40750.57	36400.59	17807.31	11414.81	3261.04	4349.98
2011	41464.71	37079.32	18249.96	11404.50	3322.12	4385.39
2012	42491.40	38151.53	18474.24	11637.42	3294.36	4340.71

3-19 历年节水灌溉面积

Water-saving Irrigated Area by Year

单位：千公顷   unit: 10³ha

年份 Year	节水灌溉 面积合计 Total Area of Water-saving Irrigation	喷灌 Sprinkler	微灌 Micro-irrigation	低压管灌 Low-pressure Pipe Irrigation	渠道防渗 Canal Lining	其他 Others
1998	15235.33					
1999	15051.06					
2000	16388.86	2131.40	152.58	3567.92	6361.33	4175.63
2001	17446.38	2364.21	215.39	3903.69	6925.30	4037.79
2002	18627.05	2473.21	278.76	4156.77	7570.88	4147.42
2003	19442.80	2633.67	371.10	4476.17	8071.47	3890.39
2004	20346.23	2674.83	479.64	4706.29	8561.95	3923.53
2005	21338.15	2746.28	621.76	4991.84	9133.16	3845.12
2006	22425.96	2823.84	754.89	5263.75	9593.65	3989.83
2007	23489.46	2876.47	976.98	5573.92	10058.12	4003.97
2008	24435.52	2821.18	1249.62	5873.00	10447.73	4044.00
2009	25755.11	2926.71	1669.27	6249.36	11166.07	3743.71
2010	27313.87	3025.44	2115.68	6680.04	11580.30	3912.41
2011	29179.47	3181.79	2613.94	7130.37	12175.04	4078.33
2012	31216.69	3373.48	3226.29	7526.03	12823.39	4264.34

年份 Year	节水灌溉 面积合计 Total Area of Water-saving Irrigation	喷灌 Sprinkler	微灌 Micro-irrigation	低压管灌 Low-pressure Pipe Irrigation	其他 Others	
2013	27108.62	2990.62	3856.54	7424.25	12837.21	
2014	29018.76	3161.96	4681.50	8271.03	12904.26	
2015	31060.44	3747.97	5263.60	8911.76	13137.11	

3-20 2015 年节水灌溉面积（按地区分）
Water-saving Irrigated Area in 2015 (by Region)

单位：千公顷　　　　　　　　　　　　　　　　　　　　　　　　　　　　　　　　　unit: 10³ha

地区 Region		节水灌溉 面积合计 Total Area of Water-saving Irrigation	喷灌 Sprinkler	微灌 Micro-irrigation	低压管灌 Low-pressure Pipe Irrigation
合　计	**Total**	**31060.44**	**3747.97**	**5263.60**	**8911.76**
北　京	Beijing	197.23	37.02	14.93	133.57
天　津	Tianjin	207.55	4.48	2.71	146.83
河　北	Hebei	3139.98	193.37	108.34	2518.30
山　西	Shanxi	895.44	76.78	45.37	541.42
内蒙古	Inner Mongolia	2474.79	504.08	618.32	552.84
辽　宁	Liaoning	806.46	142.30	341.70	173.35
吉　林	Jilin	668.75	359.62	134.39	123.42
黑龙江	Heilongjiang	1696.85	1404.80	86.48	10.60
上　海	Shanghai	143.33	3.53	0.84	72.55
江　苏	Jiangsu	2336.09	65.64	54.13	265.43
浙　江	Zhejiang	1094.22	54.41	49.19	61.94
安　徽	Anhui	906.89	99.24	15.98	56.99
福　建	Fujian	575.17	89.78	32.43	97.12
江　西	Jiangxi	500.34	20.81	33.43	27.18
山　东	Shandong	2919.31	139.28	73.02	1912.73
河　南	Henan	1672.16	161.09	28.03	1015.51
湖　北	Hubei	383.22	111.48	65.36	130.53
湖　南	Hunan	348.18	4.39	1.09	10.55
广　东	Guangdong	295.86	8.52	6.82	20.98
广　西	Guangxi	951.37	27.67	39.35	47.95
海　南	Hainan	83.44	8.63	13.09	25.19
重　庆	Chongqing	205.74	12.11	1.88	43.15
四　川	Sichuan	1567.89	47.32	15.90	93.34
贵　州	Guizhou	325.58	23.96	19.86	72.89
云　南	Yunnan	724.51	16.00	35.40	108.08
西　藏	Tibet	23.54			16.77
陕　西	Shaanxi	877.22	31.44	43.94	292.06
甘　肃	Gansu	920.67	25.36	170.16	156.93
青　海	Qinghai	135.80	2.20	5.72	29.11
宁　夏	Ningxia	310.93	35.99	84.33	37.29
新　疆	Xinjiang	3671.93	36.68	3121.42	117.17

3-21 2015 年节水灌溉面积（按水资源分区分）

Water-saving Irrigated Area in 2015(by Water Resources Sub-region)

单位：千公顷   unit: 10³ha

水资源 一级区	Grade-I Water Resources Sub-region	节水灌溉 面积合计 Total Area of Water-saving Irrigation	喷灌 Sprinkler	微灌 Micro-irrigation	低压管灌 Low-pressure Pipe Irrigation
合　计	**Total**	**31060.44**	**3747.97**	**5263.60**	**8911.76**
松花江区	Songhua River	2736.09	1994.97	265.15	208.74
辽河区	Liaohe River	1570.48	206.90	731.67	435.29
海河区	Haihe River	4967.27	317.28	183.98	3642.26
黄河区	Yellow River	3859.86	275.77	303.40	1343.54
淮河区	Huaihe River	4997.23	351.64	87.93	1998.13
长江区	Yangtze River	5310.61	303.86	211.79	684.59
其中：太湖流域	Among Which: Taihu Lake	485.05	9.83	8.68	114.36
东南诸河区	Rivers in Southeast	1333.18	137.91	73.78	117.60
珠江区	Pearl River	1562.62	62.88	80.85	162.42
西南诸河区	Rivers in Southwest	340.95	6.24	8.06	56.47
西北诸河区	Rivers in Northwest	4382.15	90.52	3316.99	262.70

3-22　2015 年节水灌溉面积（按水资源分区和地区分）

Water-saving Irrigated Area in 2015
(by Water Resources Sub-region and Region)

单位：千公顷　　　　　　　　　　　　　　　　　　　　　　　　　　　　　　　　　　unit: 10³ha

地区	Region	节水灌溉面积合计 Total Area of Water-saving Irrigation	喷灌 Sprinkler	微灌 Micro-irrigation	低压管灌 Low-pressure Pipe Irrigation
松花江区	**Songhua River**	**2736.09**	**1994.97**	**265.15**	**208.74**
内蒙古	Inner Mongolia	432.88	242.62	65.27	104.05
吉　林	Jilin	606.36	347.55	113.40	94.09
黑龙江	Heilongjiang	1696.85	1404.80	86.48	10.60
辽河区	**Liaohe River**	**1570.48**	**206.90**	**731.67**	**435.29**
内蒙古	Inner Mongolia	711.72	52.71	373.32	238.18
辽　宁	Liaoning	796.36	142.12	337.35	167.78
吉　林	Jilin	62.39	12.07	20.99	29.33
海河区	**Haihe River**	**4967.27**	**317.28**	**183.98**	**3642.26**
北　京	Beijing	197.23	37.02	14.93	133.57
天　津	Tianjin	207.55	4.48	2.71	146.83
河　北	Hebei	3139.98	193.37	108.34	2518.30
山　西	Shanxi	319.06	21.96	17.87	185.38
内蒙古	Inner Mongolia	70.92	41.05	18.73	9.35
辽　宁	Liaoning	10.10	0.18	4.35	5.57
山　东	Shandong	643.97	4.40	8.13	382.79
河　南	Henan	378.45	14.83	8.93	260.48
黄河区	**Yellow River**	**3859.86**	**275.77**	**303.40**	**1343.54**
山　西	Shanxi	576.38	54.82	27.50	356.05
内蒙古	Inner Mongolia	1109.52	118.00	101.17	168.44
山　东	Shandong	271.19	9.82	8.75	206.76
河　南	Henan	368.69	10.34	5.74	224.38
陕　西	Shaanxi	760.59	25.76	40.83	281.52
甘　肃	Gansu	353.95	20.09	34.31	47.69
青　海	Qinghai	108.61	0.95	0.77	21.41
宁　夏	Ningxia	310.93	35.99	84.33	37.29
淮河区	**Huaihe River**	**4997.23**	**351.64**	**87.93**	**1998.13**
江　苏	Jiangsu	1565.20	19.23	17.29	180.25
安　徽	Anhui	682.20	82.35	6.70	41.06
山　东	Shandong	2004.14	125.06	56.14	1323.18
河　南	Henan	745.69	124.99	7.81	453.64

3-22 续表 continued

地区	Region	节水灌溉面积合计 Total Area of Water-saving Irrigation	喷灌 Sprinkler	微灌 Micro-irrigation	低压管灌 Low-pressure Pipe Irrigation
长江区	**Yangtze River**	**5310.61**	**303.86**	**211.79**	**684.59**
上 海	Shanghai	143.33	3.53	0.84	72.55
江 苏	Jiangsu	770.89	46.40	36.84	85.18
浙 江	Zhejiang	336.21	6.27	7.84	41.46
安 徽	Anhui	224.69	16.89	9.29	15.93
江 西	Jiangxi	500.34	20.81	33.43	27.18
河 南	Henan	179.33	10.93	5.55	77.01
湖 北	Hubei	383.22	111.48	65.36	130.53
湖 南	Hunan	341.80	4.04	0.75	9.91
广 西	Guangxi	29.82	0.07	0.15	0.18
重 庆	Chongqing	205.74	12.11	1.88	43.15
四 川	Sichuan	1567.89	47.32	15.90	93.34
贵 州	Guizhou	247.07	8.98	11.18	44.18
云 南	Yunnan	230.46	6.97	14.61	29.48
陕 西	Shaanxi	116.63	5.68	3.11	10.54
甘 肃	Gansu	33.09	2.38	5.06	3.88
青 海	Qinghai	0.10			0.10
东南诸河区	**Rivers in Southeast**	**1333.18**	**137.91**	**73.78**	**117.60**
浙 江	Zhejiang	758.00	48.14	41.35	20.48
安 徽	Anhui				
福 建	Fujian	575.17	89.78	32.43	97.12
珠江区	**Pearl River**	**1562.62**	**62.88**	**80.85**	**162.42**
湖 南	Hunan	6.38	0.35	0.34	0.64
广 东	Guangdong	295.86	8.52	6.82	20.98
广 西	Guangxi	921.55	27.60	39.20	47.77
海 南	Hainan	83.44	8.63	13.09	25.19
贵 州	Guizhou	78.51	14.98	8.67	28.70
云 南	Yunnan	176.88	2.79	12.73	39.15
西南诸河区	**Rivers in Southwest**	**340.95**	**6.24**	**8.06**	**56.47**
云 南	Yunnan	317.17	6.24	8.06	39.46
西 藏	Tibet	23.54			16.77
青 海	Qinghai	0.25			0.25
西北诸河区	**Rivers in Northwest**	**4382.15**	**90.52**	**3316.99**	**262.70**
内蒙古	Inner Mongolia	149.75	49.70	59.83	32.82
甘 肃	Gansu	533.63	2.89	130.79	105.36
青 海	Qinghai	26.84	1.25	4.95	7.35
新 疆	Xinjiang	3671.93	36.68	3121.42	117.17

主要统计指标解释

万亩以上灌区处数 在蓄水、引水、提水等灌溉工程中，灌溉设备齐全、渠系配套完整，自成灌溉体系，有统一管理的灌溉区域的数量。

灌溉面积 一个地区当年农、林、牧等灌溉面积的总和。总灌溉面积=耕地灌溉面积+林地灌溉面积+果园灌溉面积+牧草灌溉面积+其他灌溉面积。

耕地灌溉面积 灌溉工程或设备已基本配套，有一定水源，土地比较平整，在一般年景可以进行正常灌溉的农田或耕地灌溉面积。

耕地实灌面积 利用灌溉工程和设施，在耕地灌溉面积中当年实际已进行正常（灌水一次以上）灌溉的耕地面积。在同一亩耕地上，报告期内无论灌水几次，都应按一亩计算，而不应按灌溉亩次计算。凡是肩挑、人抬、马拉抗旱点种的面积，一律不算实灌面积。耕地实灌面积不大于耕地灌溉面积。

机电排灌面积 由固定站、流动站、机电井、喷灌机械等所有机械、电动力设备进行排水、灌溉的耕地面积。其中，只要有固定的机械排灌的设施，能够进行正常排灌，不论当年是否进行排灌，都应统计为机电排灌面积（含灌排结合面积）。

旱涝保收面积 耕地灌溉面积中，遇旱能灌、遇涝能排的面积。灌溉设施的抗旱能力，按各地不同情况，应达到30～50天；适宜发展双季稻的地方，应达到50～70天。除涝达到5年一遇以上标准，防洪一般达到20年一遇标准的耕地灌溉面积。

农田排灌机械保有量 机、电动力抽水设备提水灌溉和排水统称排灌机械。排灌机械按使用动力分为电动与内燃机。按工程设施分为固定机电排灌站、流动机电排灌、喷滴灌机电排灌及机电井机电排灌4类。

固定机电排灌站处数 以江河、湖泊、水库、渠道等地面水为水源，在固定地点建设的以电动机、柴油机、汽油机等为动力带动水泵抽水灌溉、排水，并已发挥效益的灌溉站、排水站、排灌站的数量。

固定机电排灌站装机容量 等于电动机排灌站装机容量与内燃机排灌站装机容量之和。

机电井眼数 安装柴油机、汽油机、电动机或其他动力机械带动水泵抽取地下水灌溉耕地、牧草地，包括已装机配套的和待装机配套的水井眼数。

配套机电井眼数 已经安装机电提水设备（包括线路）可以进行正常灌溉的机电井眼数。在几眼井上使用一台设备，但能适时灌溉的和一机多用而主要用于机、电井的，均应视为"已配套机电井"，包括由于提水设备或机井本身损坏待修理，暂时不能使用的"已配套机电井"。

机电井装机容量 水利工程机组设备的容量，以机组铭牌的容量为准，包括停机检修和事故备用容量。

配套机电井装机容量 包括机配井装机容量与电配井装机容量之和。

流动机装机容量 等于电动机装机容量与内燃机装机容量之和。

喷滴灌装机容量 用于喷滴灌技术灌溉农用地的喷滴灌使用的机械动力数，只统计喷滴灌机的动力，不包括给喷滴灌机输入、送水源的动力。

Explanatory Notes of Main Statistical Indicators

Number of irrigation district with an area above 10,000 mu Total number of districts above 10,000 mu designed for irrigation purpose and having complete irrigation facilities and sub-canal systems, as self-established irrigation system under unified management, and located in the irrigation schemes for water storage, diversion or lifting.

Irrigated area The sum of irrigated areas for agriculture, forest, pasture and grassland in a particular region. The total irrigated area is equal to the sum of irrigated areas of cultivated land (arable land), forest, fruit garden or orchard, grassland and others. Irrigated areas in the current year mean the total irrigated areas at the end of the year.

Irrigated areas of cultivated land It refers to farmland or cultivated land installed with irrigation facilities and having water source and relatively leveled land, which is being irrigated in normal years.

Actual irrigated area It refers to the area being irrigated (once or more than once) in the statistical year, with irrigation system or facilities. No matter how many times of irrigation is made in the same area of land within report period, it is all counted as one mu. The areas irrigated by means of people or animal carrying water for drought-relief are not included. Actual irrigated area equals to or less than the irrigated area of cultivated land.

Irrigated and drainage areas with mechanical and electrical equipment The areas are drained or irrigated by electrical and mechanical facilities, including fixed or movable irrigation and drainage facilities, electromechanical wells and sprinklers. No matter farmland is irrigated in the statistical year or not, if fixed irrigation facilities are placed, the area should be included (including area for both irrigation and drainage).

Harveat-guaranteed area in case of flood and drought It refers to farmland that can be irrigated in drought season or drained in flood season. The irrigation facility should be able to release drought for 30-50 days based on local conditions in different regions; and release drought for 50-70 days in paddy fields suit for double cropping Waterlogging control in the irrigated areas should reach the standard of once in five years return period and flood control should reach the standard of once in twenty years return period.

Registered machinery and equipment for Irrigation and Drainage It refers to machinery and equipment driven by mechanical or electrical power for pumping or lifting. According to the source of power, they are divided into electrical power and internal combustion engine. It is also grouped into four types: fixed electric-mechanical irrigation and drainage station, mobile electric-mechanical irrigation and drainage facility, sprinkler and drip, and borehole and tube wells or electric-mechanical wells.

Number of fixed irrigation and drainage stations The total of irrigation and drainage stations that already generate benefits, use surface water such as river, lake, reservoir and canal as sources for pumping water, and are equipped with electric motor, diesel or gasoline engine in a fixed place for irrigation and drainage.

Installed capacity of fixed irrigation and drainage station Sum of installed capacity of fixed electric-mechanical irrigation and drainage station and fixed irrigation and drainage facilities empowered by diesel engine.

Number of mechanical and electrical wells The total number of boreholes and tube wells with installed counterpart facilities or shall be installed according to the plan, which use diesel or gasoline engine, electric motor or other power machines to pump or lift water for irrigation of farmlands and pasture lands.

Number of counterpart mechanical and electric wells Boreholes and tube wells, installed with pumping facilities (including lines), can be used for irrigation; It also includes wells that share one pump but can ensure timely irrigation and temporarily unused wells because of damage and waiting for repair.

Installed capacity of mechanical and electric wells Installed capacity of electric-mechanical equipment based on brand instruction, including repair or overhaul and accident spare capacity.

Installed capacity of counterpart mechanical and electric wells Total of installed capacity of wells equipped with mechanical equipment and installed capacity of wells equipped by electrical equipment.

Installed capacity of mobile equipment Total of installed capacity of electrical motors and installed capacity of internal combustion engines.

Installed capacity of sprinkler and drip It refers to the installed capacity of sprinklers and drips, but excludes the power for conveying water to sprinkler and drip systems.

4 供用水

Water Supply and Water Use

简 要 说 明

供用水统计资料主要包括水利工程设施供水及农村饮水安全等。

供用水量及饮水安全情况按水资源一级分区和地区分组。

1. 供水按受水区分地表水源、地下水源和其他水源统计。

2. 蓄水工程、引水工程、机电井工程与泵站工程供

水量统计范围为水利系统管理的工程。

3. 农村饮水安全人口统计范围只限于农村，2004 年及以前年份统计"解决饮水困难人口"指标，2005 年后统计"饮水安全人口"指标。

4. 供水量历史资料汇总 1997 年至今的历史数据；饮水安全情况汇总 1975 年至今的数据。

Brief Introduction

Statistical data of water supply and utilization mainly covers comsumption and water supply utilities as well as status of drinking water safety in rural areas.

Quantity of water supply and safety condition of drinking water is classified in accordance with Grade-I water resources region and region.

1. Water supply is grouped based on sources of water-receiving areas, like surface water, groundwater or others.

2. Statistical data of water supply only includes storage works, water diversion canals and electro-mechanical wells

and pumping stations operated by the organs under the Ministry of Water Resources.

3. Statistical data of population access to safe drinking water is only limited to rural areas. Index of "population with drinking water" is used in 2004 and before; the index of "population with safe drinking water" is used in 2005 and after.

4. Historical data of volume of water supply is collected from 1997 until present, data of safe drinking water is collected from 1975 until present.

4-1　历 年 供 用 水 量

Water Supply and Water Use, by Year

单位：亿立方米　　　　　　　　　　　　　　　　　　　　　　　　　　　unit: $10^8 m^3$

年份 Year	供水量 合计 Total Water Supply	地表水 Surface Water	地下水 Ground- water	其他 Others	用水量 合计 Total Water Use	农业 Agricultural	工业 Industrial	生活 Domestic	生态 Ecological
1999	5613.3	4514.2	1074.6	24.5	5590.9	3869.2	1159.0	562.8	
2000	5530.7	4440.4	1069.2	21.1	5497.6	3783.5	1139.1	574.9	
2001	5567.4	4450.7	1094.9	21.9	5567.4	3825.7	1141.8	599.9	
2002	5497.3	4404.4	1072.4	20.5	5497.3	3736.2	1142.4	618.7	
2003	5320.4	4286.0	1018.1	16.3	5320.4	3432.8	1177.2	630.9	79.5
2004	5547.8	4504.2	1026.4	17.2	5547.8	3585.7	1228.9	651.2	82.0
2005	5633.0	4572.2	1038.8	22.0	5633.0	3580.0	1285.2	675.1	92.7
2006	5795.0	4706.8	1065.5	22.7	5795.0	3664.4	1343.8	693.8	93.0
2007	5818.7	4723.5	1069.5	25.7	5818.7	3598.5	1404.1	710.4	105.7
2008	5909.9	4796.4	1084.8	28.7	5909.9	3663.4	1397.1	729.2	120.2
2009	5965.2	4839.5	1094.5	31.2	5965.2	3723.1	1390.9	748.2	103.0
2010	6022.0	4881.6	1107.3	33.1	6022.0	3689.1	1447.3	765.8	119.8
2011	6107.2	4953.3	1109.1	44.8	6107.2	3743.6	1461.8	789.9	111.9
2012	6131.2	4952.8	1133.8	44.6	6131.2	3902.5	1380.7	739.7	108.3
2013	6183.4	5007.3	1126.2	49.9	6183.4	3921.5	1406.4	750.1	105.4
2014	6094.9	4920.5	1116.9	57.5	6094.9	3869.0	1356.1	766.6	103.2
2015	6103.2	4969.5	1069.2	64.5	6103.2	3852.2	1334.8	793.5	122.7

4-2 2015 年供用水量（按地区分）

Water Supply and Water Use in 2015 (by Region)

单位：亿立方米   unit: 10^8m^3

地区	Region	供水量 合计 Total Water Supply	地表水 Surface Water	地下水 Ground-water	其他 Others	用水量 合计 Total Water Use	农业 Agricultural	工业 Industrial	生活 Domestic	生态 Ecological
合 计	**Total**	**6103.2**	**4969.5**	**1069.2**	**64.5**	**6103.2**	**3852.2**	**1334.8**	**793.5**	**122.7**
北 京	Beijing	38.2	10.5	18.2	9.5	38.2	6.5	3.8	17.5	10.4
天 津	Tianjin	25.7	17.9	4.9	2.9	25.7	12.5	5.3	4.9	2.9
河 北	Hebei	187.2	48.7	133.6	4.9	187.2	135.2	22.5	24.4	5.0
山 西	Shanxi	73.6	37.1	33.2	3.3	73.6	45.2	13.7	12.3	2.3
内蒙古	Inner Mongolia	185.8	95.2	88.3	2.3	185.8	140.2	18.8	10.4	16.4
辽 宁	Liaoning	140.8	78.0	58.6	4.2	140.8	88.8	21.4	25.0	5.6
吉 林	Jilin	133.6	88.9	44.0	0.7	133.6	90.2	23.2	12.8	7.4
黑龙江	Heilongjiang	355.3	196.7	157.7	0.8	355.3	312.6	23.8	16.2	2.6
上 海	Shanghai	103.8	103.8			103.8	14.2	64.6	24.1	0.8
江 苏	Jiangsu	574.5	558.0	9.1	7.4	574.5	279.1	239.0	54.4	2.0
浙 江	Zhejiang	186.1	183.4	1.7	1.0	186.1	84.7	51.6	44.4	5.5
安 徽	Anhui	288.7	253.9	32.5	2.3	288.7	157.5	93.5	32.8	4.9
福 建	Fujian	201.3	194.7	6.0	0.6	201.3	93.3	72.5	32.2	3.3
江 西	Jiangxi	245.8	235.6	8.2	2.0	245.8	154.1	61.6	27.9	2.1
山 东	Shandong	212.8	122.0	83.1	7.7	212.8	143.3	29.6	33.0	6.9
河 南	Henan	222.8	100.6	120.7	1.6	222.8	125.9	52.5	35.4	9.1
湖 北	Hubei	301.3	292.2	9.1		301.3	158.0	93.3	49.2	0.8
湖 南	Hunan	330.4	314.2	16.2		330.4	195.3	90.2	42.2	2.7
广 东	Guangdong	443.1	426.0	15.3	1.8	443.1	227.0	112.5	98.3	5.3
广 西	Guangxi	299.3	286.4	11.7	1.2	299.3	201.7	55.5	39.7	2.4
海 南	Hainan	45.8	42.9	2.7	0.1	45.8	34.3	3.2	7.9	0.3
重 庆	Chongqing	79.0	77.4	1.4	0.1	79.0	25.9	32.5	19.6	1.0
四 川	Sichuan	265.5	250.4	13.3	1.8	265.5	156.7	55.4	48.3	5.1
贵 州	Guizhou	97.5	92.4	3.0	2.1	97.5	54.2	25.5	17.0	0.7
云 南	Yunnan	150.1	144.7	4.3	1.2	150.1	104.6	23.0	20.2	2.3
西 藏	Tibet	30.8	27.7	3.1		30.8	28.0	1.4	1.3	0.1
陕 西	Shaanxi	91.2	56.0	33.4	1.8	91.2	58.0	14.2	16.1	2.9
甘 肃	Gansu	119.2	90.1	26.9	2.2	119.2	96.2	11.6	8.3	3.1
青 海	Qinghai	26.8	22.2	4.5	0.1	26.8	20.8	2.9	2.6	0.5
宁 夏	Ningxia	70.4	65.0	5.1	0.2	70.4	61.9	4.4	1.8	2.2
新 疆	Xinjiang	577.2	456.9	119.4	0.9	577.2	546.4	11.8	13.2	5.8

4-3 2015 年供用水量（按水资源分区分）

Water Supply and Water Use in 2015 (by Water Resources Sub-region)

单位：亿立方米 　　　　　　　　　　　　　　　　　　　　unit: 10⁸m³

水资源 一级区	Grade-I Water Resources Sub-region	供水量 合计 Total Water Supply	地表水 Surface Water	地下水 Ground- water	其他 Others	用水量 合计 Total Water Use	农业 Agricultural	工业 Industrial	生活 Domestic	生态 Ecological
合　计	Total	6103.2	4969.5	1069.2	64.5	6103.2	3852.2	1334.8	793.5	122.7
松花江区	Songhua River	501.5	293.0	206.9	1.6	501.5	412.4	45.9	28.3	15.0
辽河区	Liaohe River	203.4	96.3	102.6	4.4	203.4	134.4	30.7	30.7	7.6
海河区	Haihe River	368.5	141.3	208.1	19.1	368.5	236.7	49.3	60.6	22.0
黄河区	Yellow River	395.5	262.9	123.9	8.7	395.5	281.5	57.0	44.2	12.9
淮河区	Huaihe River	607.1	438.0	159.0	10.1	607.1	420.1	92.5	82.4	12.1
长江区	Yangtze River	2054.6	1970.3	71.6	12.8	2054.6	997.7	734.6	301.3	21.0
其中：太湖流域	Among Which: Taihu Lake	341.4	336.3	0.3	4.8	341.4	76.6	208.8	53.7	2.3
东南诸河区	Rivers in Southeast	326.5	318.2	7.0	1.3	326.5	147.2	107.2	64.4	7.7
珠江区	Pearl River	857.2	820.2	32.7	4.3	857.2	503.7	189.0	155.9	8.6
西南诸河区	Rivers in Southwest	102.6	98.6	3.7	0.3	102.6	83.6	9.1	9.1	0.8
西北诸河区	Rivers in Northwest	686.2	530.6	153.7	1.9	686.2	634.9	19.5	16.7	15.1

4-4 历年解决农村人口和牲畜饮水情况
Drinking Water for Rural Population and Livestock, by Year

年份 Year	累计解决的数量 Accumulated Number Access to Drinking Water			饮水安全 总人口		新增饮水安全 达标人口
	人数 /万人 Population /10⁴persons	#新解决 Population with Safe Drinking Water	牲畜 /万头 Livestock /10⁴head	/万人 Total Population with Safe Drinking Water /10⁴persons	#只达到基本 安全人口 Population with Fairly Safe Drinking Water	/万人 Newly-increased Population with Safe Drinking Water /10⁴persons
1977	3431		1701			
1978	3796		1995			
1979	4005		2096			
1980	5294		3092			
1981	5792		3390			
1982	6382		3597			
1983	6660		3991			
1984	7673		4319			
1985	8467		4609			
1986	9390		5576			
1987	10571		6213			
1988	11487		6756			
1989	12314		7303			
1990	13278		7906			
1991	14024		8355			
1992	15148		8917			
1993	15907		9377			
1994	16499		9793			
1995	17353		10360			
1996	18353		10654			
1997	19611		12220			
1998	20886		13357			
1999	21674		14557			
2000	22520		14698			
2001	23813		15509			
2002	26373		17131			
2003	28189		18214			
2004	29662	1473	19094			
2005	30355	701		61836		1104
2006				55939		2945
2007				58339	27659	4468
2008				62329	28287	5378
2009				62721	25149	7295
2010				67070	26082	6717
2011				70305	25563	6397
2012				74942	24715	7294
2013				80650		5696
2014				86230		5581
2015				92939		6709

4-5 2015年农村饮水安全人口（按地区分）

Rural Population with Safe Drinking Water in 2015 (by Region)

单位：万人   unit: 10⁴persons

地区	Region	饮水安全总人口 Total Population with Safe Drinking Water	新增饮水安全达标人口 Newly-increased Population with Safe Drinking Water
合　计	**Total**	92939	6709
北　京	Beijing	739	
天　津	Tianjin	360	
河　北	Hebei	5624	427
山　西	Shanxi	2498	56
内蒙古	Inner Mongolia	1931	95
辽　宁	Liaoning	2551	162
吉　林	Jilin	1599	98
黑龙江	Heilongjiang	2310	215
上　海	Shanghai	36	
江　苏	Jiangsu	4683	36
浙　江	Zhejiang	3004	13
安　徽	Anhui	5610	597
福　建	Fujian	2192	213
江　西	Jiangxi	1821	257
山　东	Shandong	7448	437
河　南	Henan	7115	662
湖　北	Hubei	3019	234
湖　南	Hunan	5762	567
广　东	Guangdong	5494	
广　西	Guangxi	4505	589
海　南	Hainan	425	20
重　庆	Chongqing	2300	277
四　川	Sichuan	6798	402
贵　州	Guizhou	3438	305
云　南	Yunnan	3739	265
西　藏	Tibet	173	
陕　西	Shaanxi	3136	296
甘　肃	Gansu	2306	294
青　海	Qinghai	428	48
宁　夏	Ningxia	468	48
新　疆	Xinjiang	1426	95

4-6　2015年农村饮水安全人口（按水资源分区分）

Rural Population with Safe Drinking Water in 2015
(by Water Resources Sub-region)

单位：万人

unit: 10⁴persons

水资源 一级区	Grade-I Water Resources Sub-region	饮水安全总人口 Total Population with Safe Drinking Water	新增饮水安全达标人口 Newly-increased Population with Safe Drinking Water
合　计	**Total**	**92939**	**6709**
松花江区	Songhua River	4166	306
辽河区	Liaohe River	3188	180
海河区	Haihe River	9840	594
黄河区	Yellow River	9189	730
淮河区	Huaihe River	16049	1283
长江区	Yangtze River	30372	2439
东南诸河区	Rivers in Southeast	4477	223
珠江区	Pearl River	12010	753
西南诸河区	Rivers in Southwest	1675	88
西北诸河区	Rivers in Northwest	1973	113

4-7　2015 年农村饮水安全人口（按水资源分区和地区分）

Rural Population with Safe Drinking Water in 2015
(by Water Resources Sub-region and Region)

单位：万人　　　　　　　　　　　　　　　　　　　　　　　　　　　　　　　　　　unit: 10⁴persons

地区	Region	饮水安全总人口 Total Population with Safe Drinking Water	新增饮水安全达标人口 Newly-increased Population with Safe Drinking Water
松花江区	**Songhua River**	**4166**	**306**
内蒙古	Inner Mongolia	324	
吉　林	Jilin	1532	91
黑龙江	Heilongjiang	2310	215
辽河区	**Liaohe River**	**3188**	**180**
内蒙古	Inner Mongolia	603	10
辽　宁	Liaoning	2518	162
吉　林	Jilin	67	7
海河区	**Haihe River**	**9840**	**594**
北　京	Beijing	739	
天　津	Tianjin	360	
河　北	Hebei	5624	427
山　西	Shanxi	813	25
内蒙古	Inner Mongolia	66	
辽　宁	Liaoning	33	
山　东	Shandong	1364	89
河　南	Henan	840	52
黄河区	**Yellow River**	**9189**	**730**
山　西	Shanxi	1685	30
内蒙古	Inner Mongolia	786	84
山　东	Shandong	591	24
河　南	Henan	1381	83
陕　西	Shaanxi	2268	164
甘　肃	Gansu	1646	260
青　海	Qinghai	364	36
宁　夏	Ningxia	468	48
淮河区	**Huaihe River**	**16049**	**1283**
江　苏	Jiangsu	2920	36
安　徽	Anhui	3672	457
山　东	Shandong	5494	324
河　南	Henan	3963	465

4-7 续表 continued

地区	Region	饮水安全总人口 Total Population with Safe Drinking Water	新增饮水安全达标人口 Newly-increased Population with Safe Drinking Water
长江区	**Yangtze River**	**30372**	**2439**
上　海	Shanghai	36	
江　苏	Jiangsu	1762	
浙　江	Zhejiang	719	2
安　徽	Anhui	1938	140
江　西	Jiangxi	1821	257
河　南	Henan	930	63
湖　北	Hubei	3019	234
湖　南	Hunan	5695	567
广　西	Guangxi	118	
重　庆	Chongqing	2300	277
四　川	Sichuan	6798	402
贵　州	Guizhou	2716	216
云　南	Yunnan	1331	125
陕　西	Shaanxi	868	132
甘　肃	Gansu	301	22
青　海	Qinghai	18	3
东南诸河区	**Rivers in Southeast**	**4477**	**223**
浙　江	Zhejiang	2285	10
安　徽	Anhui		
福　建	Fujian	2192	213
珠江区	**Pearl River**	**12010**	**753**
湖　南	Hunan	67	
广　东	Guangdong	5494	
广　西	Guangxi	4387	589
海　南	Hainan	425	20
贵　州	Guizhou	722	89
云　南	Yunnan	916	55
西南诸河区	**Rivers in Southwest**	**1675**	**88**
云　南	Yunnan	1492	85
西　藏	Tibet	173	
青　海	Qinghai	10	3
西北诸河区	**Rivers in Northwest**	**1973**	**113**
内蒙古	Inner Mongolia	152	0.3
甘　肃	Gansu	359	12
青　海	Qinghai	36	5
新　疆	Xinjiang	1426	95

主要统计指标解释

供水量 各种水源为用水户提供的包括输水损失在内的毛水量。

用水量 各类用水户取用的包括输水损失在内的毛水量，又称取水量。

累计解决农村饮水困难人口(或牲畜) 截至报告期，通过修建水利设施，解决了水源、改良了水质，而改善、解决饮水困难的农村人口（或牲畜）的数量。

农村饮水安全标准 农村饮用水安全卫生评价指标体系分安全和基本安全 2 个档次，由水质、水量、方便程度和保证率 4 项指标组成。4 项指标中只要有一项低于安全或基本安全最低值，就不能定为饮用水安全或基本安全。水质：符合国家《生活饮用水卫生标准》要求的为安全；符合《农村实施〈生活饮用水卫生标准〉准则》要求的为基本安全。水量：每人每天可获得的水量不低于 40～60 升为安全；不低于 20～40 升为基本安全。根据气候特点、地形、水资源条件和生活习惯，将全国分为 5 个类型区，不同地区的具体水量标准可参照附表确定。方便程度：人力取水往返时间不超过 10 分钟为安全；取水往返时间不超过 20 分钟为基本安全。保证率：供水保证率不低于 95%为安全；不低于 90%为基本安全。

农村饮水安全总人口 满足农村饮水基本安全标准的农村地区（即城市及县城关镇以外地区）年末常住人口。农村饮水包括农村居民餐饮、洗涤以及散养畜禽等日常生活用水。按照水利部、卫生部联合下发的《关于印发农村饮用水安全卫生评价指标体系的通知》的要求，农村饮水安全主要采用水质、水量、取水方便程度以及供水保证率 4 项指标进行评价，并对 5 类地区分安全饮水和基本安全饮水 2 个档次设置标准，只有当上述 4 项指标均达到饮水安全标准的人口，才算饮水安全达标人口。

农业灌溉供水量 水利工程为农田、林地、果园、牧草灌溉实际毛供水量的总和。

工业生产供水量 水利工程为工业生产的供水量。1991 年以前乡镇工业供水统计在农业供水中，从 1992 年开始统计在工业供水中。乡镇企业供水指水利工程为乡镇工业及农副产品加工实际毛供水量。

城镇生活供水量 水利工程对城镇居民生活供水量，还包括用于餐饮、服务以及市政环卫等公共服务方面的供水。生活供水主要统计各类水利工程向自来水厂或城镇居民供应的原水量，即未经任何处理的水量。

乡村生活供水量 水利工程为乡村居民生活的供水量，除乡村居民生活用水外，还包括牲畜用水。

生态环境供水量 主要指通过水利工程设施向城镇、乡村生态脆弱地区或恶化地区以及其他地区补水，以维持、控制、恢复、改善原有的生态环境状态，如为了避免湿地萎缩、维持地下水位、防止海水入侵、维持河川基流、恢复原有湖泊、保护植被等目的，以及为了维持人类居住地的生态环境需要所进行的补水。

Explanatory Notes of Main Statistical Indicators

Water supply   Gross amount of water provided by all kinds of water sources, including loss during transportation.

Water use   Gross amount of water used by all kinds of users, including loss during transportation.

Accumulated rural population (or livestock) with drinking water   Population or number of livestock that are able to access drinking water by means of construction of water facilities, finding of water sources and improvement of water quality until the statistical date of this report.

Standard on safe drinking water in rural areas The index system for evaluating safety of drinking water in rural areas uses two creteria of safe and fairly safe, and is formed by four indices of water quality, water quantity, convenience to access water and guarantee rate. If one of the four indices cannot meet the requirement, it can not be deemed as safe or fairly safe. Water quality: safe means water quality can meet the "National Sanitary Standards for Drinking Water"; fairly safe means water quality can meet the "Implementing Rules of National Sanitary Standards for Drinking Water in Rural Areas". Water quantity: safe means each person can get 40-60L water per day or above; fairly safe means each person get no less than 20-40L water per day. Five different regions are divided according to features of climate, topography, water resources conditions and living habits and customs in China, and water quantity of each region is given in the above table. Convenience to access water: safe means people can get water within 10 minutes and fairly safe means people can get water within 20 minutes. Guarantee rate: safe means it can guarantee at least 95% of water supply; fairly safe means it can guarantee at least 90% of water supply.

Total population in rural areas with safe drinking water   Population of permanent residents at the end of the year in rural areas (outside of city, county and township) where drinking water can meet safety standards. Rural drinking water includes daily water use of rural residents for cooking, washing and raising livestock etc. According to the requirement of Notification of Evaluation Index System of Rural Drinking Water Safety and Sanitation issued by Ministry of Water Resources and Ministry of Health, four indices are applied for evaluating safety of drinking water, namely water quality, water quantity, convenience to access water and guarantee rate; criteria of safe and fairly safe are adopted when evaluation is made in five different regions. Only four indices are all met, it can be deemed as population with safe drinking water.

Water supply for irrigation   Total water provided by waterworks for irrigation of farmland, forest, orchard and grassland.

Water supply for industrial use   Water provided by waterworks for industries in urban and rural areas. Before 1991, the quantity of water supply for township industries is included in agricultural water supply, but from 1992 it is regarded as industrial water supply. Water supply for township enterprise means actual gross amount of water supply provided by waterworks for industries and processing of agricultural products and by-products in towns.

Water supply for urban domestic use   It refers to water supplied to urban residents, as well as restaurants, service industry, environmental use, sanitation and other public facilities of the city. Water supply for urban domestic use equals to source water provided by all kinds of waterworks to water treatment plants or urban residents, i.e, the amount of water without any treatment.

Water supply for rural domestic use   Amount of water supply for utilization of rural residents and livestock.

Water supply for eco-environment   Water supply is made by engineering structures or utilities, in order to recharge the areas suffering from ecological fragile or deterioration, and sustain, control, restore and improve ecosystem and environment, such as prevention of wetlands shrinking, drop of groundwater level, seawater intrusion, sustaining of base flow of rivers, restoration of lake and vegetation, and satisfying the needs of eco-environment in the living areas of human being.

5 水土保持

Soil and Water Conservation

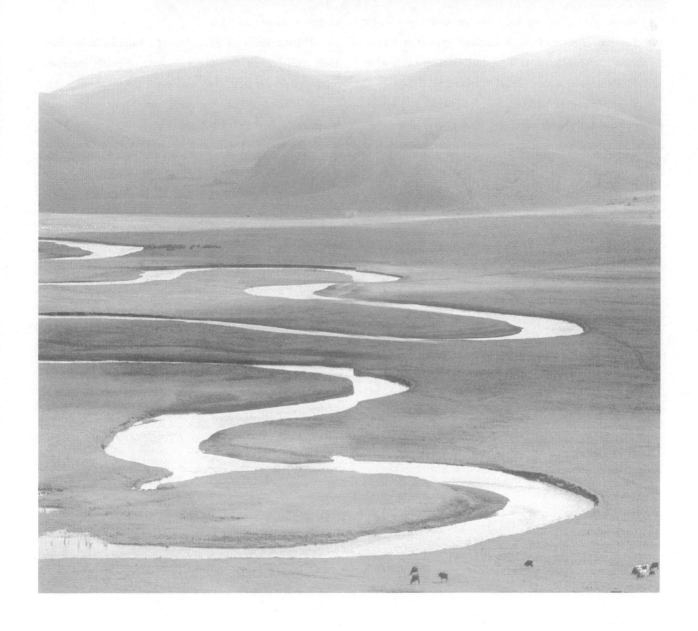

简 要 说 明

水土保持统计资料主要包括水土流失治理面积及其分类治理面积等。按年度、水资源一级区和地区进行分组。

1. 小流域治理统计范围是指列入县级以上（含县级）治理规划，并进行重点治理的流域面积在 5 平方千米以上的小流域。

2. 水土流失治理面积历史资料汇总 1973 年至今的数据；新增水土流失治理面积历史资料汇总 1989 年至今的数据。

3. 水土流失治理面积已与 2011 年水利普查数据进行了衔接。

Brief Introduction

Statistical data of soil and water conservation mainly includes recovered area from erosion and types of measures for erosion control. The data is grouped in accordance with year, Grade-I water resources region and region.

1. The scope of statistics for small watershed under control covers those listed in the plan at and above the county level, and drainage area of small watershed that has an area of more than 5 km^2.

2. Historical data of recovered area is collected from 1973 until present, and historical data of newly-increased recovered area is from 1989 until present.

3. The data of recovered area from erosion is integrated with the First National Census for Water of 2011.

5-1　历年水土流失治理面积
Recovered Area from Soil Erosion by Year

单位：千公顷　　　　　　　　　　　　　　　　　　　　　　　　　　　　　　unit: 10³ha

年份 Year	水土流失治理面积 Recovered Area	#水平梯田 Leveled Terraced Field	坝地 Gully Dammed Field	水保林 Water Conservation Forest
1974	38423	6209	855	17796
1975	40757	7011	847	
1976	42007	7383	942	
1977	42441	7161	929	20924
1978	40435	7239	891	
1979	40606	6461	931	21273
1980	41152	6539	895	21679
1981	41647	6427	878	21647
1982	41412	6367	924	22367
1983	42405	6457	922	22829
1984	44623	7062	1050	24570
1985	46393	6982	1275	25648
1986	47909	7436	1269	26923
1987	49528	7755	1579	27889
1988	51349	7952	1438	29461
1989	52154	8209	1495	30490
1990	52971	7623	1563	31660
1991	55838	8072	1893	33381
1992	58635			

年份 Year	水土流失治理面积 Recovered Area	#小流域治理面积 Recovered Area of Small Watershed	水土流失治理面积 新增合计 Total Newly-increased Recovered Area	水平梯田 Leveled Terraced Field	坝地 Gully Dammed Field	水保林 Water Conservation Forest	种草 Planted Grassland	其他 Others	水土流失治理面积 减少 Reduction of Recovered Area
1993	61253								
1994	64080								
1995	66855								
1996	69321								
1997	72242								
1998	75022								
1999	77828								

5-1 续表 continued

单位：千公顷　　　　　　　　　　　　　　　　　　　　　　　　　　　　　　　　　unit: 10³ha

年份 Year	水土流失治理面积 Recoverd Area	#小流域治理面积 Recoverd Area of Small Watershed	水土流失治理面积新增合计 Total Newly-increased Recovered Area	水平梯田 Leveled Terraced Field	坝地 Gully Dammed Field	水保林 Water Conservation Forest	种草 Planted Grassland	其他 Others	水土流失治理面积减少 Reduction of Recovered Area
2000	80961	28473	4728						1595
2001	81539	30385	4888						4309
2002	85410	34255	5056						1186
2003	89714	35628	5538						1234
2004	92004	36040	4445						2156
2005	94654	37059	4198						1102
2006	97491	37915	3969						1543
2007	99871	38731	3916	311	58	1497	537	1513	1471
2008	101587	39189	3867	275	41	1474	492	1584	2666
2009	104545	41139	4318	412	38	1647	470	1751	1373
2010	106800	41602	4015	401	42	1500	409	1663	1737
2011	109664	41425	4008	437	46	1565	388	1572	1306
2012	102953	41131	4372	524	27	1564	406	1851	1452

年份 Year	水土流失治理面积 Recovered Area	#小流域治理面积 Recovered Area of Small Watershed	水土流失治理面积新增合计 Total Newly-increased Recovered Area	基本农田 Prime Farmland 水平梯田 Leveled Terraced Field	坝地 Gully Dammed Field	其他 Others	水保林 Water Conservation Forest	经济林 Economic Forest	种草 Planted Grassland	封禁治理 Blockading Administration	其他 Others
2013	106892	34248	5271	553	16	157	1411	568	340	1681	544
2014	111609	35813	5497	473	30	126	1507	567	361	1898	532
2015	115578	37883	5385	483	13	93	1408	556	323	1855	652

5-2 2015 年水土流失治理面积（按地区分）

Recovered Area from Soil Erosion in 2015 (by Region)

单位：千公顷   unit: 10³ha

地区 Region	水土流失治理面积 Recovered Area	#小流域治理面积 Recovered Area of Small Watershed	水土流失治理面积新增合计 Total Newly-increased Recovered Area	基本农田 Prime Farmland 水平梯田 Leveled Terraced Field	坝地 Gully Dammed Field	其他 Others	水保林 Water Conservation Forest	经济林 Economic Forest	种草 Planted Grassland	封禁治理 Blockading Administration	其他 Others
合 计 Total	115578.4	37882.6	5384.6	483.0	13.2	93.3	1408.2	556.0	323.1	1855.5	652.3
北 京 Beijing	710.8	710.8	40.0	0.8				0.2		38.6	0.4
天 津 Tianjin	97.3	48.9	2.4				0.1	0.0		0.5	1.8
河 北 Hebei	5061.5	2803.3	233.3	10.0		2.8	55.9	40.8		102.0	21.8
山 西 Shanxi	5846.4	565.0	331.3	13.1	1.2	3.3	99.0	24.7	3.6	77.4	109.1
内蒙古 Inner Mongolia	12597.2	3091.3	500.1	14.6	0.1		218.2	6.4	117.6	143.2	
辽 宁 Liaoning	4857.8	2299.5	170.7	6.7		17.4	41.0	20.9	0.2	57.6	26.9
吉 林 Jilin	1793.5	190.6	123.3	8.4		1.0	74.3	2.6	1.1	2.1	33.8
黑龙江 Heilongjiang	3834.2	1134.0	135.5	8.9	0.2	1.9	54.0	1.7	4.3	30.1	34.4
上 海 Shanghai											
江 苏 Jiangsu	893.8	306.6	32.4	6.0		7.2	9.4	0.5	0.3	0.4	8.6
浙 江 Zhejiang	3655.4	655.4	54.6	3.6		2.7	8.3	4.6	2.8	26.1	6.5
安 徽 Anhui	1857.4	716.8	139.4	3.7		0.3	16.9	17.9	2.3	76.8	21.6
福 建 Fujian	3399.3	747.1	161.2	11.5	0.8	4.2	39.7	2.7	2.0	70.6	29.6
江 西 Jiangxi	5577.9	1135.9	226.3	3.8	0.4	4.6	40.3	20.2	3.9	137.3	15.8
山 东 Shandong	3776.7	1428.7	163.6	35.7	0.2	7.9	34.1	21.3	0.7	42.2	21.5
河 南 Henan	3559.8	2057.2	139.7	14.1	0.7	8.1	22.8	15.3	0.7	73.6	4.5
湖 北 Hubei	5634.3	1826.3	219.0	15.2		7.7	25.8	22.2	2.4	101.3	44.4
湖 南 Hunan	3259.8	906.8	150.8	13.0		0.8	57.5	6.1	0.1	10.9	62.4
广 东 Guangdong	1457.5	127.3	72.6	0.4		0.6	18.1	7.6	6.0	32.5	7.5
广 西 Guangxi	2107.3	438.2	175.6	5.9			53.7	23.4	2.9	88.1	1.6
海 南 Hainan	74.6	36.6	15.8	0.9	0.2	1.1	4.7	0.9	4.1	3.0	1.0
重 庆 Chongqing	3070.0	1490.2	160.5	51.5		1.8	33.6	39.4	1.3	15.2	17.7
四 川 Sichuan	8510.3	4362.8	351.2	59.6	4.7	7.4	43.3	45.6	43.2	82.3	65.2
贵 州 Guizhou	6297.8	2807.1	251.4	16.4	0.9	2.1	58.1	52.4	8.1	96.7	16.7
云 南 Yunnan	8074.4	1945.9	343.2	37.5	1.3	8.0	65.8	69.3	9.6	117.5	34.3
西 藏 Tibet	498.0	60.0	11.9				6.4		0.5	2.3	2.7
陕 西 Shaanxi	7288.3	2783.4	663.6	33.5	1.8	2.1	206.0	85.9	75.3	255.9	3.1
甘 肃 Gansu	7702.2	2024.6	307.7	84.8		0.4	50.4	13.0	9.2	110.8	39.1
青 海 Qinghai	898.7	381.3	35.3	3.4			20.4	0.2		10.1	1.3
宁 夏 Ningxia	2057.2	611.0	97.4	20.1	0.7	0.1	33.1	2.3	17.8	21.0	2.4
新 疆 Xinjiang	1128.9	190.4	74.9				17.6	8.1	3.2	29.4	16.6

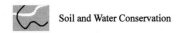

5-3 2015年水土流失治理面积（按水资源分区分）

Recovered Area from Soil Erosion in 2015 (by Water Resources Sub-region)

单位：千公顷 unit: 10³ha

水资源 一级区 Grade-I Water Resources Sub-region	水土流失 治理面积 Recovered Area	#小流域 治理面积 Recovered Area of Small Watershed	水土流失 治理面积 新增合计 Total Newly-increased Recovered Area	基本农田 Prime Farmland			水保林 Water Conservation Forest	经济林 Economic Forest	种草 Planted Grassland	封禁治理 Blockading Administra- tion	其他 Others
				水平梯田 Leveled Terraced Field	坝地 Gully Dammed Field	其他 Others					
合 计　Total	115578.44	37882.58	5384.59	483.01	13.18	93.32	1408.22	555.99	323.06	1855.49	652.32
松花江区　Songhua River	7695.82	1665.25	322.12	23.97	0.19	2.09	144.44	3.63	25.42	54.21	68.18
辽河区　Liaohe River	8247.69	3264.28	312.83	11.46		18.19	75.02	23.64	49.26	108.44	26.81
海河区　Haihe River	9408.37	4474.74	466.31	18.26	0.74	7.46	107.79	49.91	2.57	197.52	82.06
黄河区　Yellow River	22857.59	6455.56	1262.98	143.13	3.93	6.05	429.04	92.70	123.32	365.73	99.09
淮河区　Huaihe River	5690.08	2406.01	262.65	37.07		14.94	47.29	29.26	0.59	101.21	32.29
长江区　Yangtze River	39581.30	15272.23	1861.45	194.30	6.50	31.61	374.67	249.61	69.15	676.82	258.79
东南诸河区　Rivers in Southeast	6750.26	1357.11	212.22	14.54	0.83	6.95	47.62	6.89	3.83	95.74	35.82
珠江区　Pearl River	6979.83	1602.40	384.43	24.42	0.96	3.08	101.74	56.19	16.71	163.35	17.97
西南诸河区　Rivers in Southwest	4177.81	752.08	153.66	14.71	0.02	2.96	34.42	35.56	5.06	46.17	14.76
西北诸河区　Rivers in Northwest	4189.71	632.94	145.94	1.16			46.18	8.60	27.15	46.29	16.56

5-4　2015年水土流失治理面积（按水资源分区和地区分）

Recovered Area from Soil Erosion in 2015 (by Water Resources Sub-region and Region)

单位：千公顷   unit: 10³ha

地区	Region	水土流失治理面积 Recovered Area	#小流域治理面积 Recovered Area of Small Watershed	水土流失治理面积新增合计 Total Newly-increased Recovered Area	基本农田 Prime Farmland 水平梯田 Leveled Terraced Field	坝地 Gully Dammed Field	其他 Others	水保林 Water Conservation Forest	经济林 Economic Forest	种草 Planted Grassland	封禁治理 Blockading Administration	其他 Others
松花江区	**Songhua River**	7383.71	1618.93	380.48	21.17	4.95	17.59	188.65	3.36	34.60	58.88	51.28
内蒙古	Inner Mongolia	2118.21	329.01	81.82	8.11			30.86	1.41	16.86	24.58	
吉 林	Jilin	1557.22	174.76	113.52	4.71	2.50	2.07	82.99	0.20	12.27	4.66	4.13
黑龙江	Heilongjiang	3708.28	1115.17	185.14	8.35	2.45	15.52	74.79	1.75	5.47	29.64	47.16
辽河区	**Liaohe River**	8020.37	3091.15	358.18	16.20	0.03	18.21	120.29	21.50	46.86	99.51	35.58
内蒙古	Inner Mongolia	3301.92	982.51	135.03	5.82			58.38	2.58	45.63	22.62	
辽 宁	Liaoning	4605.47	2106.84	213.35	10.07	0.03	17.50	53.78	18.90	1.23	76.89	34.95
吉 林	Jilin	112.98	1.80	9.80	0.31		0.71	8.13	0.02			0.63
海河区	**Haihe River**	9019.50	4287.43	505.41	16.69	16.56	4.42	156.71	50.24	11.51	192.18	57.03
北 京	Beijing	670.80	670.80	40.00	0.82			0.01	0.05		38.76	0.36
天 津	Tianjin	94.90	48.45	6.40				0.04	0.08		4.84	1.45
河 北	Hebei	4826.45	2673.34	248.70	9.27		0.80	91.90	36.77	5.86	89.75	14.35
山 西	Shanxi	1988.85	263.11	116.43	3.98	0.23	0.87	39.93	7.34	1.18	28.07	34.76
内蒙古	Inner Mongolia	647.79	341.76	21.68				9.12		4.10	8.46	
辽 宁	Liaoning	128.01	21.90	3.94				0.94	0.84		1.22	0.94
山 东	Shandong	316.37	65.57	29.18		15.86	2.15	6.61	0.20	0.32		4.04
河 南	Henan	346.33	202.50	39.08	2.62	0.47	0.60	8.16	4.96	0.05	21.08	1.14
黄河区	**Yellow River**	21935.53	6097.53	1324.48	159.26	1.61	9.51	437.16	98.15	137.64	387.20	92.29
山 西	Shanxi	3679.12	283.39	219.27	10.47	0.69	2.77	63.44	19.23	4.25	44.59	73.57
内蒙古	Inner Mongolia	4181.05	938.14	184.65	1.63	0.26	0.01	95.32	2.26	12.76	72.41	
山 东	Shandong	278.47	139.16	9.84	2.31		0.11	1.60	1.79	0.10	0.99	2.95
河 南	Henan	926.35	481.90	55.38	6.53	0.12	1.30	11.95	10.00	0.76	23.74	0.98
陕 西	Shaanxi	4892.10	1620.98	421.13	20.36		4.63	124.48	49.51	74.31	143.88	3.95
甘 肃	Gansu	5447.79	1748.94	250.63	92.81		0.46	52.28	8.24	15.72	79.28	0.48
青 海	Qinghai	570.83	318.23	60.51	4.21			44.51	0.12	0.63	11.01	
宁 夏	Ningxia	1959.81	566.79	123.07	20.94	0.54	0.23	43.59	7.00	29.11	11.31	10.36
淮河区	**Huaihe River**	5435.58	2285.99	262.54	26.59	0.05	29.14	68.04	44.11	0.97	83.77	9.88
江 苏	Jiangsu	459.73	133.48	14.07	0.15		4.15	6.15	1.28	0.25	0.53	1.56
安 徽	Anhui	451.11	163.34	12.33	1.06		0.10	1.97	1.51		6.00	1.69
山 东	Shandong	3017.62	1153.31	144.99	19.50	0.05	22.32	45.98	28.79	0.33	23.69	4.34
河 南	Henan	1507.13	835.86	91.15	5.88		2.57	13.94	12.52	0.40	53.55	2.29

5-4 续表 continued

地区	Region	水土流失治理面积 Recovered Area	#小流域治理面积 Recovered Area of Small Watershed	水土流失治理面积新增合计 Total Newly-increased Recovered Area	水平梯田 Leveled Terraced Field	坝地 Gully Dammed Field	其他 Others	水保林 Water Conservation Forest	经济林 Economic Forest	种草 Planted Grassland	封禁治理 Blockading Administration	其他 Others
长江区	**Yangtze River**	**38441.68**	**14473.16**	**1751.30**	**176.44**	**2.51**	**35.31**	**343.49**	**244.05**	**85.36**	**644.44**	**219.68**
上海	Shanghai											
江苏	Jiangsu	439.93	155.04	48.63	3.95	0.20	1.48	5.44	15.42		0.50	21.64
浙江	Zhejiang	671.72	43.65	9.52	1.27		0.23	0.98	1.25	0.82	3.28	1.69
安徽	Anhui	1250.92	506.36	35.18	2.38	0.33	1.05	7.08	4.93	0.88	14.40	4.14
江西	Jiangxi	5351.64	1045.41	222.84	8.31	0.42	5.59	40.13	19.40	4.22	95.43	49.35
河南	Henan	661.93	463.40	44.96	2.52			4.91	5.29		31.87	0.37
湖北	Hubei	5414.41	1770.41	225.01	47.57	0.12	17.76	30.46	9.36	0.91	108.89	9.93
湖南	Hunan	3047.13	868.46	107.30	2.63			17.18	7.99	0.73	57.65	21.12
广西	Guangxi	63.60	22.24	5.62	0.07			0.89	0.57	0.23	3.46	0.40
重庆	Chongqing	2908.69	1112.36	162.02	29.48			39.07	21.90	0.66	46.60	24.31
四川	Sichuan	8159.15	4209.13	302.10	31.15	0.80	2.89	44.07	38.64	65.27	58.68	60.61
贵州	Guizhou	4316.80	2151.92	168.96	12.87	0.24	0.94	37.70	48.5964	4.49	52.51	11.62
云南	Yunnan	2906.44	978.09	143.04	13.08	0.40	2.80	28.35	32.90	1.46	52.16	11.89
陕西	Shaanxi	2146.96	960.53	244.06	9.29		2.57	85.35	37.05	3.34	106.12	0.34
甘肃	Gansu	1019.70	179.53	31.69	11.88			1.51	0.76	2.36	12.90	2.28
青海	Qinghai	82.66	6.64	0.37				0.37				
东南诸河区	**Rivers in Southeast**	**6361.11**	**1370.69**	**231.24**	**20.92**	**1.07**	**3.10**	**37.09**	**10.81**	**5.94**	**135.45**	**16.87**
浙江	Zhejiang	2972.76	645.90	61.29	3.89	0.16	2.74	12.78	7.21	1.66	25.58	7.27
安徽	Anhui											
福建	Fujian	3388.34	724.79	169.95	17.02	0.91	0.36	24.31	3.60	4.28	109.87	9.61
珠江区	**Pearl River**	**6391.05**	**1255.13**	**386.17**	**24.00**	**1.26**	**3.51**	**76.90**	**48.02**	**4.30**	**209.34**	**18.85**
湖南	Hunan	61.84	34.68	2.70				0.32	0.09		1.58	0.71
广东	Guangdong	1384.91	100.30	70.36	0.21		0.05	20.94	3.59	2.10	42.02	1.44
广西	Guangxi	1868.16	335.01	190.50	8.41		1.63	28.89	19.27	0.86	122.18	9.25
海南	Hainan	58.78	24.46	1.84	0.01			0.05	0.36		1.42	
贵州	Guizhou	1704.54	515.56	59.22	8.68	0.47	0.81	13.51	12.43	0.38	19.57	3.37
云南	Yunnan	1312.82	245.12	61.56	6.69	0.79	1.02	13.19	12.283	0.96	22.56	4.08
西南诸河区	**Rivers in Southwest**	**4322.38**	**653.02**	**139.40**	**9.86**	**1.88**	**4.94**	**23.01**	**40.72**	**3.05**	**36.69**	**19.26**
云南	Yunnan	3515.19	598.02	136.70	9.86	1.88	4.94	23.01	40.72	3.045	36.6913	16.56
西藏	Tibet	779.76	52.24	2.7								2.70
青海	Qinghai	27.42	2.76									
西北诸河区	**Rivers in Northwest**	**4298.43**	**679.71**	**157.73**	**1.40**		**0.60**	**56.01**	**6.48**	**31.07**	**50.88**	**11.04**
内蒙古	Inner Mongolia	1961.84	445.35	77.16			0.60	33.55		24.04	18.97	
甘肃	Gansu	1099.59	30.13	8.42	0.70			1.18	0.66	0.18	5.25	0.72
青海	Qinghai	182.41	17.54	10.92				9.01		0.51	1.26	
新疆	Xinjiang	1054.59	186.69	61.23	0.70			12.27	5.82	6.34	25.40	10.32

5-5 历年开发建设项目水土保持方案
Soil and Water Conservation Plan of Development and Construction Project by Year

年份 Year	水土保持方案审批数量 /项 Approved Soil and Water Conservation Plan /unit	水土保持方案总投资 /万元 Total Investment of Soil and Water Conservation Plan /10^4 yuan	防治责任范围 /千公顷 Responsible Area for Erosion Control /10^3 ha	减少土壤流失量 /万吨 Reduction of Soil Loss /10^4 t	水土保持设施验收数量 /个 Accepted Soil Conservation Facilities /unit
2005	22517	2076362	901	151076	6259
2006	26783	2882328	784	192992	5023
2007	21720	3518973	899	121317	4332
2008[1]	27389	3505679	789	117368	5648
2009[1]	22194	5645749	1609		
2010	24832	10102652	1304	113742	5205
2011	26296	14948872	1103		4842
2012	27858	14290605	1409	16438	5568
2013	30506	16280210	1250		6432
2014	30319		928		5646
2015	28809	14900062	3455	1816583	5739

① 2008 年、2009 年数据未统计上海地区。

① The data of Shanghai is not included in 2008 and 2009.

5-6 2015 年全国生产建设项目水土保持方案（按地区分）

Soil and Water Conservation Plan of Development and Construction Project in 2015 (by Region)

地区	Region	生产建设项目水土保持方案审批数量/个 Approved Soil and Water Conservation Plan /unit	水土保持方案总投资/万元 Total Investment of Soil and Water Conservation Plan /10⁴ yuan	防治责任范围/公顷 Responsible Area of Erosion Control /ha	设计拦挡弃土弃渣/万立方米 Spoil Disposal /10⁴m³	实施返还治理示范工程数量/个 Pilot Project with Compensation Funds for Erosion Control /unit	水土保持设施验收数量/个 Accepted Soil Conservation Facilities /unit
合　计	Total	28809	14900062	3454638	968085	781	5739
北　京	Beijing	637	543975	12937	3452		73
天　津	Tianjin	39	15000	2500	1500	6	9
河　北	Hebei	597	433319	29389	36577	19	137
山　西	Shanxi	214	97492	18372	2204	33	82
内蒙古	Inner Mongolia	662	548380	83165	36139	20	238
辽　宁	Liaoning	598	93591	5317	1414	23	55
吉　林	Jilin	1371	555900	27932	4133		130
黑龙江	Heilongjiang	134	113295	15368	200		134
上　海	Shanghai	2	671	28	10		5
江　苏	Jiangsu	453	243106	11530	6438	40	30
浙　江	Zhejiang	2328	892400	30254	6578	25	639
安　徽	Anhui	238	294547	15606	4680	20	131
福　建	Fujian	1837	1065999	30674	15785	128	128
江　西	Jiangxi	875	446163	51420	17302	21	147
山　东	Shandong	2684	795365	36723	26101	108	235
河　南	Henan	429	441562	49370	6296	58	90
湖　北	Hubei	1012	632519	70447	14182	86	118
湖　南	Hunan	1620	1147044	57981	10192	65	479
广　东	Guangdong	2323	1607503	45784	33796		644
广　西	Guangxi	1373	460205	28400	16700		97
海　南	Hainan	432	143073	35963	2570		72
重　庆	Chongqing	907	722710	19294	7200	1	160
四　川	Sichuan	2820	716492	2514509	25669	22	631
贵　州	Guizhou	1601	861963	34641	20234	33	149
云　南	Yunnan	2005	931218	72161	35800	27	418
西　藏	Tibet	192	58670	20874	454121		4
陕　西	Shaanxi	433	196201	28435	21939	11	162
甘　肃	Gansu	328	334240	31614	12732	5	145
青　海	Qinghai	140	259500	44035	52048		64
宁　夏	Ningxia	101	109298	8384	1437	9	64
新　疆	Xinjiang	424	138662	21533	90658	21	269

主要统计指标解释

水土流失 是由于水力、重力、风力等外力引起的水土资源和土地生产力遭到破坏和损失的现象。造成水土流失的原因可分为自然原因和人类活动原因两类。遭到水土流失侵害和损失的农用地面积称水土流失面积。

水土流失治理面积（又称水土保持面积） 指在山丘地区水土流失面积上，按照综合治理的原则，采取各种治理措施，如：水平梯土（田）、淤地坝、谷坊、造林种草、封山育林育草等治理的水土流失面积总和。

水平梯田 指在坡地上沿等高线修建的、断面呈阶梯状的田块。（注：在我国南方，旱作梯田称梯地或梯土，种植水稻的称梯田。）

坝地 在沟道拦蓄工程上游因泥沙淤积形成的地面较平整的可耕作土地。

水保林 以防治水土流失为主要功能的人工林和天然林。根据其功能的不同，可分为坡面防护林、沟头防护林、沟底防护林、塇边防护林、护岸林、水库防护林、防风固沙林、海岸防护林等。

种草 在水土流失地区，为蓄水保土，改良土壤，发展畜牧，美化环境，促进畜牧业发展而进行的草本植物培育活动。

小流域治理面积 是以小流域为单元，根据流域内的自然条件，按照土壤侵蚀的类型特点和农业区划方向，在全面规划的基础上，合理安排农、林、牧、副各业用地，布置水土保持农业技术措施，林草措施与工程措施，相互协调、相互促进形成综合的水土流失防治体系。凡列入县级以上治理规划，并进行重点治理的，流域面积大于 5 平方千米小于 50 平方千米的小流域治理面积均进行统计。

Explanatory Notes of Main Statistical Indicators

Soil erosion Damage or losses to water and land resources and its productivity due to external forces, such as water power, gravity and wind etc. Soil erosion is usually caused by two factors: natural and human activities. Eroded area refers to damaged or lost cultivated land as a result of soil erosion.

Recovered area from soil erosion (also named soil and water conservation area) Total area recovered from erosion in mountainous or hilly areas, with comprehensive control measures, including terraced fields, silt retention dam, check dam, reforestation, grass plantation, ban of wood cutting and grazing, under the principle of integrated management.

Leveled Terraced field Cultivated land with a cascade section built along the contour lines on slope land. (Note: In southern part of China, dry terraces are called land terraces or earth terraces, and paddy terraces are called terraced fields).

Gully dammed field Relatively leveled cultivated land created by upstream silt arrested by silt retention dam in the gully.

Water conservation forest It refers to artificial and nature forests mainly for control of soil and water loss. According to its functions, it is grouped into protection forests for slope, gully head, gully bottom, plateau edge, bank, reservoir, wind and sand and sea coast.

Planted grassland Activities of planting and cultivating grass in eroded area, for the purposes of conserving soil and water, soil improvement, pasture development, environment beatification and conservation in animal husbandry.

Improved area of small watershed It refers to the area covered by a comprehensive erosion control system that integrates agricultural technology, forest-grass and structural measures, and makes an appropriate arrangement of land use for agricultural, forestry, husbandry and agricultural by-product production, by taking small watershed as an unit and based on natural condition, type and feature of soil erosion, agricultural zoning, under the guidance of overall planning. If a watershed is in the list of management plan at and above the county level as major project, all of the area larger than 5 km² and smaller than 50 km² should be included in the statistics.

6 水利建设投资

Investments in Water Development

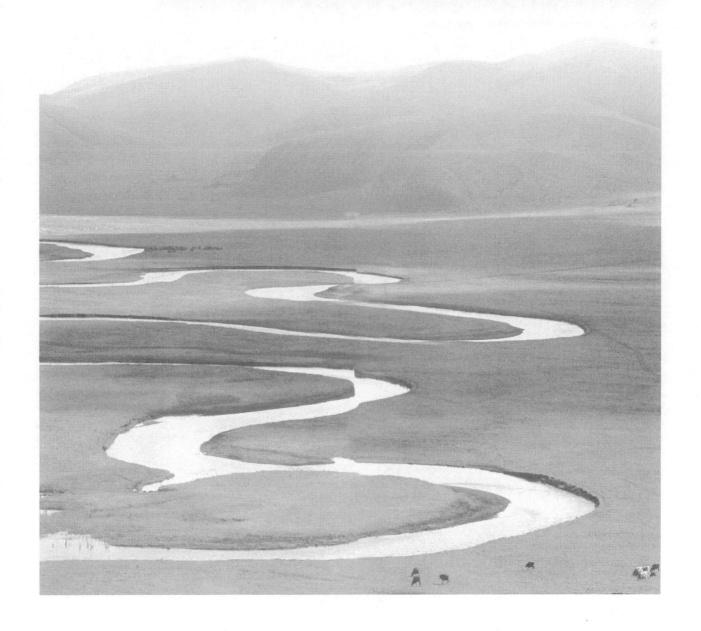

简 要 说 明

水利建设投资统计资料主要包括水利固定资产投资、项目、完成、工程量情况以及工程能力和效益等。

本部分资料主要按地区分组。历史资料汇总 1949 年至今的数据。

Brief Introduction

Statistical data of investments for water project construction mainly includes investment of fixed asset, number of projects, completion of investment, completed civil works, capacity and benefits of projects etc.

The data is divided into groups based on river basin and region. Historical data is collected from 1949 until present.

6-1 主 要 指 标

Key Indicators

单位：万元   unit: 10⁴ yuan

指标名称	Item	2004	2005	2006	2007	2008
中央水利建设计划投资	Investment Plan of Central Government in Water Projects	2788097	2715788	2987103	3088220	6254207
水利建设投资完成额	Completed Investment for Water Project Construction	7835450	7468483	7938444	9448538	10882012
按投资来源分：	Divided by Sources:					
（1）国家预算内拨款	National Budget Allocation	1258899	1330632	1931541	2700258	3903636
（2）国家预算内专项	Special Funds from National Budget	1922409	1793636	1847169	1956989	1604711
（3）国内贷款	Domestic Loan	1026356	941809	806606	833576	969469
（4）利用外资	Foreign Investment	122315	192643	143434	94756	105085
（5）自筹资金	Self-Raising Funds	2962934	2421951	2123367	2199399	2353630
（6）水利建设基金	Water Project Construction Funds	287902	302698	361223	677814	604949
（7）其他投资	Other Investment	254634	485115	725104	985746	1340535
按投资用途分：	Based on Investment Purposes:					
（1）防洪工程	Flood Control Projects	3669475	2928299	2881214	3184809	3700390
（2）水资源工程	Water Resources Projects	2183463	2231172	3176997	4050906	4678489
（3）水土保持及生态建设	Soil and Water Conservation and Ecological Restoration Projects	587101	391856	422184	603164	768749
（4）水电工程	Hydropower Development	715307	654724	573234	664919	773709
（5）行业能力建设	Capacity Building	174905	326570	201919	88527	106007
（6）其他	Others	505200	935862	682897	856212	854670

注　1. 从2003年开始，中央水利建设计划投资包括南水北调当年投资。

　　2. 2007年中央水利建设计划投资不包括当年中央财政转移支付地方水利专项资金32亿元和小型农田水利建设中央财政专项补助资金10亿元。

　　3. 2008年中央水利建设计划投资不包括当年小型农田水利建设中央财政专项补助资金30亿元。

Note　1. Investment plans of central government for water project construction since 2003 include those for South-North Water Diversion Project.

　　2. In 2007, investment plans of central government for water project construction exclude 3.2 billion yuan of Central Government funds transferred to special funds of local governments and 1 billion yuan of special funds to small on-farm irrigation and drainage works from the Central Government Finance.

　　3. In 2008, investment plans of central government for water project construction exclude 3 billion yuan of special funds to small on-farm irrigation and drainage works from the Central Government Finance.

6-1 续表 continued

单位：万元

指标名称	Item	2009	2010	2011	2012	2013	2014	2015
中央水利建设计划投资	Investment Plan of Central Government for Water Projects	6370307	9840567	11407487	16229994	14083113	24262307	16852176
水利建设投资完成额	Completed Investment for Water Project Construction	18940321	23199265	30860284	39642358	37576331	40831354	54522165
按投资来源分：	Divided by Sources:							
（1）国家预算内拨款	National Budget Allocation	9299491	9180534	8988189	12914781	11367534	12820428	15496631
（2）国家预算内专项	Special Funds from National Budget	1287604	947861	291662	253770	127330	23949	141994
（3）国内贷款	Domestic Loan	1528610	3374355	2703080	2655028	1726871	2996401	3386394
（4）利用外资	Foreign Investment	75675	13058	44176	41295	85724	43286	75704
（5）自筹资金	Self-raising Funds	3338654	3161926	4068349	3504219	3606718	3398976	5731487
（6）水利建设基金	Water Project Construction Funds	1054664	2151824	796110	1200487	1080554	1324454	1421337
（7）财政专项	Special Funds			5648074	10042017	9374510	11592375	18921413
（8）重大水利工程建设基金	Major Water Project Construction Funds			4378294	4348890	4249522	1367542	804143
（9）其他投资	Other Investments	2355623	4369707	3942350	4681871	5957568	7263941	8543062
按投资用途分：	Divided by Investment Purposes:							
（1）防洪工程	Flood Control	6748123	6846472	10183029	14259586	13357637	15225527	19302530
（2）水资源工程	Water Resources	8660425	10705379	12841335	19115662	17331589	18521525	27083457
（3）水土保持及生态建设	Soil and Water Conservation and Ecological Restoration	867355	858998	953860	1181181	1028920	1412978	1929413
（4）水电工程	Hydropower Development	720419	1053896	1090134	1171955	1644196	2169022	1520851
（5）行业能力建设	Capacity Building	264842	444325	402459	595519	525410	1060087	292403
（6）其他	Others	1679157	3290195	5389467	3318455	3688579	2442215	4393512

6-2 历年水利建设施工和投产项目个数

Number of Water Projects Under-construction and Put-into-operation, by Year

单位：个 unit: unit

年份 Year	施工项目 Under-construction	#新开工项目 Newly-started Project	部分投产项目 Partially Put-into-operation	全部投产项目 Fully Put-into-operation
1990	1987	799		652
1991	2001	804		585
1992	2253	978		684
1993	2268	963		694
1994	2300	931		678
1995	2286	931		571
1996	2146	920		635
1997	2320	1091		753
1998	2932	1699		696
1999	2632	1033		722
2000	3456	1901		1106
2001	3344	1792	397	825
2002	4203	2171	827	1103
2003	5196	2834	1305	1376
2004	4307	1816	1313	1249
2005	4855	2095	1709	1407
2006	4614	2158	1596	1422
2007	4852	2203	1428	1584
2008	7529	4418	1380	2683
2009	10715	5992	1025	5499
2010	10704	5811	979	6346
2011	14623	10281	715	7968
2012	20501	13364	708	10282
2013	20266	12199		9016
2014	21630	13518		9612
2015	25184	16702		13816

注　1. 1990—2000 年以及 2014—2015 年未细分当年部分投产与全部投产，均为"全部投产项目"。

　　2. 本表只包括当年正式施工的水利工程设施项目和机构能力建设项目，不包括建设投资计划安排的水利前期、规划及专题研究等项目。

Note　1. The number of projects putting into operation is used for the data of 1989-2000 and 2014-2015, which is not separated into groups of partially-operated and fully-operated.

　　2. This table only includes water project under construction and capacity building, excluding projects conducted in the early stage such as feasibility studies, planning and special-subject studies.

6-3 2015年水利建设施工和投产项目个数（按地区分）

Number of Water Projects Under-construction and Put-into-operation in 2015 (by Region)

单位：个   unit: unit

地区 Region		施工项目 Under-construction	#新开工项目 Newly-started Project	全部投产项目 Fully Put-into-operation
合 计	Total	25184	16702	13816
北 京	Beijing	50	30	20
天 津	Tianjin	76	47	59
河 北	Hebei	1087	737	769
山 西	Shanxi	349	204	149
内蒙古	Inner Mongolia	495	287	302
辽 宁	Liaoning	691	503	318
吉 林	Jilin	584	476	151
黑龙江	Heilongjiang	839	161	66
上 海	Shanghai	258	144	134
江 苏	Jiangsu	637	346	319
浙 江	Zhejiang	1448	904	453
安 徽	Anhui	432	159	43
福 建	Fujian	718	492	302
江 西	Jiangxi	1238	783	942
山 东	Shandong	974	676	736
河 南	Henan	481	282	320
湖 北	Hubei	1362	1265	975
湖 南	Hunan	1358	1057	992
广 东	Guangdong	1584	952	534
广 西	Guangxi	1318	657	527
海 南	Hainan	237	205	31
重 庆	Chongqing	1003	709	719
四 川	Sichuan	1661	1199	1114
贵 州	Guizhou	1281	995	807
云 南	Yunnan	1715	1032	854
西 藏	Tibet	141	95	80
陕 西	Shaanxi	1064	811	727
甘 肃	Gansu	738	469	521
青 海	Qinghai	401	340	264
宁 夏	Ningxia	181	149	59
新 疆	Xinjiang	783	536	529

注 本表只包括当年正式施工的水利工程设施项目和机构能力建设项目，不包括建设投资计划安排的水利前期、规划及专题研究等项目。

Note This table only includes water projects under construction and capacity building, excluding work conducted in the early stage of the project such as feasibility studies, planning and special-subject studies.

6-4 历年水利建设投资规模和进展

Investment and Progress of Water Project Construction, by Year

单位: 万元   unit: 10^4 yuan

年份 Year	在建项目实际 需要总投资 Total Needed Investment of Projects Under-construction	累计完成 投资 Accumulation of Completed Investment	累计新增 固定资产 Accumulation of Newly-increased Fixed Assets	#当年新增 Newly- increased of the Present Year	未完工程累计 完成投资 Completed Investment of Uncompleted Project
2005	59195516	31451336	20427098	5741035	11016751
2006	61205439	32795254	22999308	5414850	9794480
2007	57498856	33186759	22947692	7255913	10236968
2008	66787193	38436646	25225183	8451275	13211463
2009	78208336	46208244	31295254	15546720	14912990
2010	99662055	56693583	38715221	18497877	17978362
2011	117692905	68877470	42433768	19512353	
2012	137031324	89059580	57753110	27566037	
2013	153460025	101423176	55770917	27804200	
2014	199517592	119504637	70210221	33433685	
2015	225806790	145906522	89799183	43734768	

注　本表只包括当年正式施工的水利工程设施项目和机构能力项目。

Note　The data only includes projects of water infrastructures and capacity building formally initiated in the present year.

6-5 2015 年水利建设投资规模和进展（按地区分）

Investment and Progress of Water Project Construction in 2015
(by Region)

单位：万元   unit: 10^4 yuan

地区 Region		在建项目实际 需要总投资 Total Needed Investment of Project under Construction	累计完成 投资 Accumulation of Completed Investment	累计新增 固定资产 Accumulation of Newly-increased Fixed Assets	#当年新增 Newly- increased of the Present Year
合 计	**Total**	**225806790**	**145906522**	**89799183**	**43734768**
北 京	Beijing	470304	339649	161383	67220
天 津	Tianjin	555185	481748	379881	374321
河 北	Hebei	9858390	6410848	6054976	3345092
山 西	Shanxi	6194052	3610332	2364882	916734
内蒙古	Inner Mongolia	4298098	3278342	2254374	837042
辽 宁	Liaoning	7475653	4744157	4146967	1480575
吉 林	Jilin	5166537	2000832	1673919	711112
黑龙江	Heilongjiang	8696486	6408100	6397151	3093860
上 海	Shanghai	3453213	1695963	697464	514038
江 苏	Jiangsu	11512135	5939961	4216335	2583622
浙 江	Zhejiang	27541737	14034512	7976687	2840574
安 徽	Anhui	5912095	5414510	3368367	803809
福 建	Fujian	7962280	4637360	3030520	1483973
江 西	Jiangxi	5393255	3561475	2908993	1151310
山 东	Shandong	8227399	6714615	3696647	2491322
河 南	Henan	18955141	17322096	2416021	1409299
湖 北	Hubei	9556487	9191921	1157529	998068
湖 南	Hunan	2162715	1735557	1688399	1345829
广 东	Guangdong	14034507	7054519	3561499	1375365
广 西	Guangxi	9025462	4667400	4607950	1847045
海 南	Hainan	1784397	894424	564797	368564
重 庆	Chongqing	6050390	3982830	2559521	1593681
四 川	Sichuan	5900713	3665700	3126943	1634438
贵 州	Guizhou	3603851	2289568	2156320	1450856
云 南	Yunnan	10142847	6313526	5248877	3109151
西 藏	Tibet	1240559	685016	611180	498235
陕 西	Shaanxi	9522709	6150572	5099589	1590948
甘 肃	Gansu	5243249	2928742	2130565	1368497
青 海	Qinghai	1015902	752104	392073	333507
宁 夏	Ningxia	1410025	863050	859960	411989
新 疆	Xinjiang	13441020	8137091	4289413	1704694

注 本表只包括当年正式施工的水利工程设施项目和机构能力项目。

Note The data only includes projects of water infrastructures and capacity building formally initiated in the present year.

6-6 历年水利建设投资完成额
Completed Investment for Water Project Construction, by Year

单位：万元   unit: 10⁴ yuan

年份 Year	完成投资合计 Total Completed Investment	中央投资 Central Government Investment	其他投资 Others
1953	34000		
1954	23100		
1955	35800		
1956	74200		
1957	75900		
1958	213266		
1959	245190		
1960	333941		
1961	96041		
1962	77990		
1963	86760		
1964	100800		
1965	101600		
1966	161400		
1967	145800		
1968	88100		
1969	135700		
1970	170400		
1971	210000		
1972	227900		
1973	240900		
1974	236700		
1975	260600		
1976	291400		
1977	286600		
1978	353300		
1979	370400		
1980	270700		
1981	135700		
1982	174737		
1983	211296		
1984	206828		
1985	201580		
1986	228702		
1987	271012		
1988	306454		
1989	355508		
1990	487203		
1991	648677		
1992	971670		
1993	1249260		
1994	1687353		
1995	2063156		
1996	2385240		
1997	3154061		
1998	4676865		
1999	4991476		
2000	6129331	2954199	3175132
2001	5607065	2757822	2849243
2002	8192153	4149894	4042259
2003	7434176	3124746	4309430
2004	7835450	2925784	4909666
2005	7468483	2547065	4921418
2006	7938444	2987571	4950873
2007	9448538	3550444	5898094
2008	10882012	4169558	6712455
2009	18940321	8453697	10486624
2010	23199265	9604835	13594430
2011	30860284	14353990	16506294
2012	39642358	20332106	19310252
2013	37576331	17298370	20277960
2014	40831354	16485110	18624883
2015	54522165	22312410	32209755

6-7　历年水利建设到位投资

Allocated Investment for Water Project Construction, by Year

单位：万元 {unit: 10^4 yuan}

年份 Year	计划 投资 Planned Investment	到位投资 合计 Total Allocated Investment	中央投资 Central Government Investment	其他投资 Others
2001	8158739	5820373	3063614	2756759
2002	7873236	6985271	3552762	3432509
2003	8137149	6794217	2926763	3867454
2004	7902719	6393526	2315087	4078439
2005	8273650	7122425	2439757	4682668
2006	9327119	8404460	3428579	4975881
2007	10264653	9208767	3403233	5805533
2008	16040746	14184747	6497568	7687178
2009	17026927	17243218	6560403	10682815
2010	27075729	25800210	13639088	12161123
2011	33481528	32243193	15535845	16707349
2012	40876505	39956593	21100811	18855782
2013	39539765	38210322	17658910	20551412
2014	43450623	43114345	18049685	25064660
2015	48263718	47401460	18632804	28768656

6-8　2015 年水利建设到位投资和投资完成额（按地区分）

Allocated and Completed Investment of Water Project Construction in 2015
(by Region)

单位：万元　　　　　　　　　　　　　　　　　　　　　　　　　　　　　　　　　unit: 10⁴ yuan

地区 Region		计划投资 Planned Investment	到位投资 合计 Total Allocated Investment	#中央投资 Central Government Investment	地方投资 Local Government Investment	完成投资 合计 Total Completed Investment	#中央投资 Central Government Investment	地方投资 Local Government Investment
合 计	Total	48263718	47401460	18632804	22782082	54522165	22312410	10547144
北 京	Beijing	107094	126358	60752	65606	167089	72570	32260
天 津	Tianjin	283897	288432	85352	171811	329999	102627	27197
河 北	Hebei	2533870	2586138	933481	1184460	3639755	1105828	292939
山 西	Shanxi	1603633	1311610	381248	610029	1467048	459011	168653
内蒙古	Inner Mongolia	796559	773542	461093	286822	1132799	685940	256223
辽 宁	Liaoning	1383555	1099667	795313	225299	1514051	875490	660092
吉 林	Jilin	729824	645978	440633	113761	909428	553719	205662
黑龙江	Heilongjiang	2027612	2027842	1400591	577251	3092561	2058264	1480628
上 海	Shanghai	1305299	1044436	30862	1003172	937565	40654	28193
江 苏	Jiangsu	2078153	2144711	397544	1735504	2385669	502990	172650
浙 江	Zhejiang	5006101	5100016	292775	3185252	5432448	350992	84434
安 徽	Anhui	1203609	1166712	636198	530514	1501905	799136	534788
福 建	Fujian	2348398	2296918	406605	1687860	2297437	426499	217027
江 西	Jiangxi	1301336	1217507	577080	548295	1509264	790688	279661
山 东	Shandong	2440202	2342607	488296	1853447	2910771	607946	249243
河 南	Henan	1435062	1453848	1049965	375645	1566448	1066628	461957
湖 北	Hubei	1648766	1641247	1216339	412679	1610726	1153463	409934
湖 南	Hunan	1272809	1286877	783347	451261	1476353	939150	437193
广 东	Guangdong	2849057	2749347	425653	2298275	2478818	484111	104929
广 西	Guangxi	1321859	1286359	745650	341249	1877842	1058546	512540
海 南	Hainan	397448	400385	166856	160319	467061	255483	87595
重 庆	Chongqing	1665083	1708835	505083	806866	1883644	648359	298851
四 川	Sichuan	1645087	1688895	1134623	491691	1895872	1334634	497955
贵 州	Guizhou	1265736	1291980	762974	447101	1356491	860556	261550
云 南	Yunnan	3108762	3180755	802075	1732907	3413860	860200	273828
西 藏	Tibet	638650	637225	568398	53003	526128	479911	409894
陕 西	Shaanxi	1723437	1723918	915371	410934	1949416	1023602	552894
甘 肃	Gansu	1345595	1428674	569566	258042	1589331	817506	461911
青 海	Qinghai	228693	228715	149734	73768	366481	225663	115636
宁 夏	Ningxia	388529	357050	252297	104753	413273	288045	114716
新 疆	Xinjiang	2180003	2164875	1197049	584506	2422635	1384199	856112

注　本年投资来源中只单列中央和地方政府投资，利用外资、企业和私人投资以及贷款等投资包含在合计项目中。

Note　Only central and local government investment are listed separately in the sources of the investment in the present year and the investments of foreign capital, enterprises, private sector and bank loans are included in the total.

6-9　历年中央水利建设计划投资

Investment Plan of Central Government for Water Projects, by Year

单位：万元　　unit: 10^4 yuan

年份 Year	合计 Total	中央计划投资								地方配套
		合计 Total Investment of Central Government	国家预算 内拨款 National Budget Allocation	国家预算 内专项资金 Special Funds from National Budget	银行贷款 Bank Loan	水利建设 基金 Water Project Construction Funds	利用外资 Foreign Investment	自筹资金 Self- raising Funds	财政专项 Special Funds	Local Counterpart Funds
1990	538198									
1991	655166									
1992	1028934									
1993	1376411									
1994	1886707									
1995	2231891									
1996	2688028	1055600	439600		335000		185000	500	95500	1632428
1997	3384137	1368861	627800		345775	219590	166000	9696		2015276
1998	7101177	3623900	802700	2177900	326900	140000	156400	20000		3477277
1999	7035634	3376228	593800	2334410	105658	180000	149000	13360		3659406
2000	6109753	2641132	573750	1776382	15000	180000	66000	30000		3468621
2001	5731680	3799585	542912	2991024		180000	85649			1932095
2002	5731139	3210070	723500	2235070		140000	111500			2521069
2003	6562394	3272983	802500	2311472		110000	49011			3289411
2004	5239960	2788097	687420	1982876		110000	7801			2451863
2005	4955283	2715788	721895	1883644		110000	249			2239495
2006	6254734	2987103	1587945	1294158		105000				3267631
2007	6326569	3088220	1386312	1578908		120000	3000			3238349
2008	11772273	6254207	5494207			120000			640000	5518066
2009	10674744	6370307	4800307			120000			1450000	4304437
2010	18868884	9840567	7010567			150000			2680000	9028317
2011	20518583	11407487	6540567			280000			4586920	9111096
2012	24693914	16229994	8910567			275000			7044427	8463920
2013	20872164	14083113	7170764			222700			6689649	6789051
2014	24262307	16271456	7671817			61950			8385689	7990851
2015	23814269	16852176	8171117			220000			8461059	6962093

注　1. 从2003年开始，中央水利建设计划投资包括南水北调当年投资。

　　2. 2007年中央水利建设计划投资不包括当年中央财政转移支付地方水利专项资金32亿元。

　　3. 2008年中央水利建设计划投资不包括当年小型农田水利建设中央财政专项补助资金30亿元。

Note　1. Investment plans of central government for water project construction since 2003 include those for South-North Water Diversion Project.

　　2. In 2007, investment plans of central government for water project construction exclude 3.2 billion yuan of Central Government funds transferred to special funds of local governments.

　　3. In 2008, investment plans of central government for water project construction exclude 3 billion yuan of special funds to small on-farm irrigation and drainage works from the Central Government Finance.

6-10 2015 年中央水利建设计划投资（按地区分）

Investment Plan of Central Government for Water Projects in 2015 (by Region)

单位：万元　　　　　　　　　　　　　　　　　　　　　　　　　　　　　　　　unit: 10⁴ yuan

地区 Region		合计 Total	中央计划投资				地方配套 Local Counterpart Funds
			合计 Total Investment Plan of Central Government	国家预算内拨款 National Budget Allocation	水利建设基金 Water Project Construction Funds	财政专项 Financial Special Funds	
合　计	Total	23814269	16852176	8171117	220000	8461059	6962093
北　京	Beijing	18701	17738			17738	963
天　津	Tianjin	72761	44371	9585		34786	28390
河　北	Hebei	1049081	919550	213627	10000	695923	129531
山　西	Shanxi	335344	284240	58044		226196	51104
内蒙古	Inner Mongolia	515008	417209	97420		319789	97799
辽　宁	Liaoning	1227120	744991	620459		124532	482129
吉　林	Jilin	631824	439140	151331		287809	192684
黑龙江	Heilongjiang	1766732	1328384	1027450		300934	438348
上　海	Shanghai	5349	5349			5349	
江　苏	Jiangsu	820019	353305	127984		225321	466714
浙　江	Zhejiang	707404	281950	52327		229623	425454
安　徽	Anhui	1004357	665110	413231		251879	339247
福　建	Fujian	680280	363333	216943		146390	316947
江　西	Jiangxi	873975	564095	205806		358289	309880
山　东	Shandong	697679	408342	172148		236194	289337
河　南	Henan	1187085	840533	401548		438985	346552
湖　北	Hubei	1034666	819188	381448		437740	215478
湖　南	Hunan	1275021	841890	381227	68683	391980	433131
广　东	Guangdong	335173	224656	64531		160125	110517
广　西	Guangxi	672452	581450	264566		316884	91002
海　南	Hainan	233070	154976	45940		109036	78094
重　庆	Chongqing	616250	464995	220642	25000	219353	151255
四　川	Sichuan	1466267	1109998	390682		719316	356269
贵　州	Guizhou	979418	734074	227561		506513	245344
云　南	Yunnan	900217	697055	263499		433556	203162
西　藏	Tibet	268164	268164	181279		86885	
陕　西	Shaanxi	991762	841745	525356		316389	150017
甘　肃	Gansu	628821	539144	322715		216429	89677
青　海	Qinghai	167106	148834	86451		62383	18272
宁　夏	Ningxia	333430	239163	99782	3800	135581	94267
新　疆	Xinjiang	1639363	1101834	659559	30000	412275	537529
中央直属	Organizations Directly under the Central	680370	407370	287976	82517	36877	273000

6-11 2015年中央水利建设计划投资（按项目类型分）

Investment Plan of Central Government for Water Projects in 2015 (by Type)

单位：万元

unit: 10⁴ yuan

工 程 类 别	Type of Project	合计 Total	中央投资 Total Investment Plan of Central Government	地方配套 Local Counterpart Funds
合　计	**Total**	23814269	16852176	6962093
一、中央预算内投资	**National Budget Allocation**	12974770	8171117	4803653
（一）重大水利工程	Major water projects	5301748	3420000	1881748
1. 大中型灌区续建配套	Large & Medium irrigation districts for water saving purpose	118000	118000	
2. 重大引调水	Major water diversion project	785000	616000	169000
3. 重点水源	Main Water Source	654100	338100	316000
4. 江河湖泊治理骨干工程	Harness of large rivers and lakes	1546336	1002536	543800
5. 新建灌区	Newly-constructed irrigation districts	20000	20000	
6. 其他	Others	2178312	1325364	852948
（二）农村饮水安全	Rural safe drinking water	3610766	2675000	935766
（三）大中型病险水库（闸）除险加固	Large & Medium risky reservoir(water gates) reinforcement	426076	250000	176076
（四）水土保持	Soil and water conservation	349365	270000	79365
（五）中型水库等	Medium-sized reservoirs	1052022	430000	622022
（六）主要支流治理等	Main tributary control	1130830	600000	530830
（七）海堤建设	Sea Dyke	264500	100000	164500
（八）大型灌排泵站更新改造	Rehabilitation of large irrigation and drainage pumping station	108262	70000	38262
（九）牧区水利	Water conservancy in Pastoral Areas	24433	20000	4433
（十）农村小水电	Rural hydropower and electrification	462509	140000	322509
（十一）水利血防	Schistosome prevention projects	36033	20000	16033
（十二）行业能力建设	Capacity building	141185	126117	15068
（十三）专项工程	Special Projects	67041	50000	17041
二、中央财政专项资金	**Financial Special Funds**	10274589	8461059	1813530
（一）重大水利工程	Major water projects	4292890	2479360	1813530
1. 大中型灌区续建配套	Large & Medium irrigation districts for water saving purpose	1160306	882000	278306
2. 田间高效节水	Water-saving irrigation in the field	298655	222695	75960
3. 重大引调水	Major water diversion projects	330000	220000	110000
4. 江河湖泊治理骨干工程	Harness of large rivers and lakes	1713929	734665	979264
5. 新建灌区	Newly-constructed irrigation districts	790000	420000	370000
（二）江湖湖库水系综合整治	Comprehensive improvement of river lake reservoir connected	1881882	1881882	
1. 小型病险水库除险加固	Small risky reservoir reinforcement	458078	458078	
2. 抗旱规划小水库建设	Small reservoir construction for drought relief planning	500000	500000	
3. 中小河流治理	Middle-small river harness projects	828204	828204	
4. 中小河流治理重点县综合整治	Comprehensive improvement of Middle-small river harness projects	42900	42900	
5. 江河湖库连通工程	River lake reservoir connected projects	52700	52700	
（三）农田水利建设和水土保持专项	Irrigation and drainage facilities besides soil and water conservation	3355248	3355248	
1. 小型农田水利建设	Small on-farm Irrigation and Drainage Facilities	3125248	3125248	
2. 水土保持	Soil and water conservation	230000	230000	
（四）山洪灾害防治	Mountain Flood Disaster	423553	423553	
（五）农村水电增效扩容改造	Efficiency Improvements and Capacity Additions of Rural Hydropower			
（六）农发资金用于水土保持	Funds for soil and water conservation	63564	63564	
（七）农发资金用于中型灌区	Funds for medium irrigation districts	159247	159247	

6-12 历年分资金来源中央政府水利建设投资完成额
Completed Investment of Central Government for Basic Water Project Construction by Financial Resources and Year

单位：万元　　　　　　　　　　　　　　　　　　　　　　　　　　　　　　　　　　　　　　　unit: 10⁴ yuan

年份 Year	投资完成 合计 Total Completed Investment	国家预算 内拨款 National Budget Allocation	国家预算内 专项资金 Special Funds from National Budget	国内贷款 Domestic Loan	债券 Bonds	水利建设 基金 Water Project Construction Funds	利用外资 Foreign Investment	自筹资金 Self-raising Funds	其他 Others
2001	2757822	562460	1933136	15028		91391	131171	17807	6829
2002	4149894	656938	3191917	49200	6690	112367	114273	8692	9817
2003	3124746	537661	2319549	75825	2080	116441	24625	6890	41674
2004	2925784	845984	1891397	46866		75751	38935	8831	18020
2005	2547065	659224	1769155			90406		3499	24782
2006	2987571	1160369	1728516			70474		3389	24824
2007	3550444	1694283	1737805			83395		16833	18128
2008	4169558	2499243	1326835			215404		2660	125415
2009	8453697	6651275	694317			528613		4111	575381
2010	9604835	6077624	162274			1679759		2338	1682839
2011	14353990	5865385	18996	3459382	4219353	294695		7217	488962

年份 Year	投资完成 合计 Total Completed Investment	国家预算 内拨款 National Budget Allocation	国家预算内 专项资金 Special Funds from National Budget	财政专项 资金 Financial Special Funds	重大水利工程 建设基金 Major Water Project Construction Funds	水利建设 基金 Water Project Construction Funds	利用外资 Foreign Investment	自筹资金 Self-raising Funds	其他 Others
2012	20332106	9423985	49308	6263232	3961091	377388		1349	255754
2013	17298370	7739486	18037	5043911	3992849	181873		3863	318352
2014	16485110	8120690	15802	6350347	1070910	142712			784648
2015	22312410	10547144	3698	10675623	475248	66673			544023

注　2014年开始，中央水利建设计划投资其他项中包括土地出让收益。

Note　The other items under the Central Government investment plan for water project construction include land sale revenues since 2014.

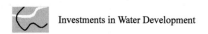

6-13 2015 年分资金来源中央政府水利建设投资完成额（按地区分）

Completed Investment of Central Government for Basic Water Project Construction by Financial Resources in 2015 (by Region)

单位：万元   unit: 10^4yuan

地区 Region		完成投资 合计 Total Completed Investment	国家预算内 拨款 National Budget Allocation	国家预算内 专项资金 Special Funds from National Budget	财政专项 资金 Financial Special Funds	水利建设 基金 Water Project Construction Funds	重大水利工程 建设基金 Major Water Project Construction Funds	土地出让 收益 Land Revenue	其他 Others
合 计	Total	22312410	10547144	3698	10675623	66673	475248	403205	140819
北 京	Beijing	72570	32260		33610			6700	
天 津	Tianjin	102627	27197		75430				
河 北	Hebei	1105828	292939		812834	55			
山 西	Shanxi	459011	168653		259237	6331		24790	
内蒙古	Inner Mongolia	685940	256223		354840	879		62777	11221
辽 宁	Liaoning	875490	660092		188786			26612	
吉 林	Jilin	553719	205662		310626			37432	
黑龙江	Heilongjiang	2058264	1480628		577636				
上 海	Shanghai	40654	28193		12461				
江 苏	Jiangsu	502990	172650		294154	2400	17651	16135	
浙 江	Zhejiang	350992	84434	62	264929	940	27	600	
安 徽	Anhui	799136	534788		264348				
福 建	Fujian	426499	217027		160259			794	48420
江 西	Jiangxi	790688	279661		509536			1492	
山 东	Shandong	607946	249243		292209	20971	45523		
河 南	Henan	1066628	461957	61	444073	24704	135832		
湖 北	Hubei	1153463	409934		462429		268715	12385	
湖 南	Hunan	939150	437193		501957				
广 东	Guangdong	484111	104929		360209			18507	465
广 西	Guangxi	1058546	512540		546006				
海 南	Hainan	255483	87595		167888				
重 庆	Chongqing	648359	298851		331898	1888	7500	8222	
四 川	Sichuan	1334634	497955		805533	3733		26100	1313
贵 州	Guizhou	860556	261550		598732			275	
云 南	Yunnan	860200	273828		526639	520		26904	32309
西 藏	Tibet	479911	409894		70017				
陕 西	Shaanxi	1023602	552894	3575	392531	4252		57410	12940
甘 肃	Gansu	817506	461911		313341			41054	1200
青 海	Qinghai	225663	115636		109826			200	
宁 夏	Ningxia	288045	114716		154727			18602	
新 疆	Xinjiang	1384199	856112		478922			16214	32951

6-14　历年分资金来源地方政府水利建设投资完成额

Completed Investment of Local Government Funding for Water Project Construction by Financial Resources and Year

单位：万元　　　　　　　　　　　　　　　　　　　　　　　　　　　　　　　　　　　unit: 10⁴ yuan

年份 Year	完成投资合计 Total Completed Investment	国家预算内拨款 National Budget Allocation	国家预算内专项资金 Special Funds from National Budget	国内贷款 Domestic Loan	债券 Bonds	水利建设基金 Water Project Construction Funds	利用外资 Foreign Investment	自筹资金 Self-raising Funds	其他 Others
2000	3175132	228710	40862	437885	20233	188800	96164	1885598	276880
2001	2849243	328967		310452	12744	118488	144344	1724053	210195
2002	4042259	472630		502878	5045	163528	88225	2478586	331367
2003	4309430	520660	26544	838338		178465	78795	2464967	201661
2004	4909666	412915	31012	979490		212152	83381	2954103	236614
2005	3153043	671408	24481			212292		1911277	333585
2006	3328865	771171	118653			290750		1781509	366782
2007	4323681	1005975	219184			594419		2182566	321537
2008	4988317	1404392	277876			389544		2350969	565535
2009	8088050	2648216	593286			526050		3334543	985954
2010	9188067	3102910	785587			472065		3159588	1667918

年份 Year	完成投资合计 Total Completed Investment	国家预算内拨款 National Budget Allocation	国家预算内专项资金 Special Funds from National Budget	财政专项资金 Financial Special Funds	重大水利工程建设基金 Major Water Project Construction Funds	水利建设基金 Water Project Construction Funds	土地出让收益 Land Revenue	自筹资金 Self-raising Funds	其他 Others
2011	12236742	3122803	272666	2188692	158941	501415	121455	4061132	1809637
2012	14644959	3490796	204461	3778785	387799	823099	256976	3502871	2200172
2013	15420031	3628048	109293	4330599	256673	898681	207592	3602855	2386289
2014	18624883	4699739	8147	5242028	296632	1181742	294426	3398976	3503193
2015	25546426	4949487	138296	8245790	328895	1354664	448265	5731487	4349541

注　本表的国家预算内专项资金是通过其他渠道下达的中央转贷地方国债资金。2011年、2012年、2013年、2014年、2015年"其他"中含水资源费完成投资。

Note　The special funds from national budget in this table are sourced from national bonds transferred from the Central Government to local government. The "Others" of 2011 and 2012 and 2013 and 2014 and 2015 in the table include completed investment sourced from water resources fee.

6-15 2015 年分资金来源地方政府水利建设投资完成额（按地区分）

Completed Investment of Local Government Funding for Water Project Construction by Financial Resources in 2015 (by Region)

单位：万元　　　　　　　　　　　　　　　　　　　　　　　　unit: 10⁴ yuan

地区 Region	完成投资 合计 Total Completed Investment	国家预算内拨款 National Budget Allocation	国家预算内专项资金 Special Funds from National Budget	财政专项资金 Financial Special Funds	水利建设基金 Water Project Construction Funds	重大水利工程建设基金 Major Water Project Construction Funds	土地出让收益 Land Revenue	水资源费 Water Resources Fee	自筹资金 Self-raising Funds	其他 Others
合 计 Total	25546426	4949487	138296	8245790	1354664	328895	448265	677313	5731487	3672229
北 京 Beijing	94519	52721		27792	260					13746
天 津 Tianjin	179346		33761	55956	8703		21258		59668	
河 北 Hebei	1419417	240784		158341					867552	152739
山 西 Shanxi	894427	80037	4512	91549	1248	21616		558866	49954	86645
内蒙古 Inner Mongolia	387791	7894		11356	240819	54534			57653	15535
辽 宁 Liaoning	485966	44142		325380		40000	460		20514	55469
吉 林 Jilin	251521	63251	2129	82603	74424				15569	13545
黑龙江 Heilongjiang	984297	26662		122244				1659	833732	
上 海 Shanghai	886510	649772	695	232503	3540					
江 苏 Jiangsu	1867685	1156423	2223	236577	62183		5889		402401	1989
浙 江 Zhejiang	3431445	726806		1197877	607367	53813	118551		390286	336745
安 徽 Anhui	702081	72866	3750	221621	12741			38599	238674	113830
福 建 Fujian	1747589	529328	13934	385720	15162	4249	188685		16905	593606
江 西 Jiangxi	608253	72598	10447	317240	1384		4496		31793	170296
山 东 Shandong	2290838	11491	18381	537248	184				1309310	414222
河 南 Henan	467635	1259	603	360400					581	104792
湖 北 Hubei	438737	11733	5003	257055	31256		1016	30556	48326	53792
湖 南 Hunan	486239	320542		118376	48				22630	24643
广 东 Guangdong	1966461			1397353	1334		2515	299	262084	302876
广 西 Guangxi	626149	69624		296203	160389	21423			78511	
海 南 Hainan	178942	34462		131413		13068				
重 庆 Chongqing	770157	9569	2994	290642	4975	78		3501	56249	402150
四 川 Sichuan	452575	78847	6250	219123	2880	33860		3257	72410	35947
贵 州 Guizhou	451713	232489	1579	158668	3403	19070		555	18329	17619
云 南 Yunnan	1778607	112957	32034	228417	6338	21648	100396	30492	738670	507654
西 藏 Tibet	38603	11347		16989					8795	1472
陕 西 Shaanxi	439671	40407		176106	73580	15500	2832		17619	113626
甘 肃 Gansu	302621	17637		140279	32366	30025	1587	9528	10922	60276
青 海 Qinghai	133232	43293		44383					3724	41833
宁 夏 Ningxia	124750	9		120881	2600		579		565	116
新 疆 Xinjiang	658649	230538		285495	7480	11			98060	37065

注　本表的国家预算内专项资金是通过其他渠道下达的中央转贷地方国债资金。

Note　The special funds from national budget are sourced from the national bonds transferred from the Central Government to local governments.

6-16　历年分中央和地方项目水利建设投资完成额

Completed Investment for Water Project Construction Divided by Central and Local Governments and Year

单位：万元　　　　　　　　　　　　　　　　　　　　　　　　　　　　　　　　　　unit: 10⁴ yuan

年份 Year	完成投资 合计 Total Completed Investment	中央项目 完成投资 Completed Investment of Central Government Projects	#国家预算 内投资 Investment from National Budget	地方项目 完成投资 Completed Investment of Local Government Projects	#国家预算 内投资 Investment from National Budget
2001	5607065				
2002	8192153	1250858	893363	6941295	3427941
2003	7434176	964952	643859	6469224	2760555
2004	7835450	1429738	566833	6405712	692066
2005	7468483	1227628	988583	6240855	2438382
2006	7938444	1610784	650071	6327660	510299
2007	9448538	1544575	1380809	7903963	3954252
2008	10882012	1092053	845889	9789959	5267405
2009	18940321	2068697	1458349	16871624	10183409
2010	23199265	4427984	2619536	18771281	9054547
2011	30860284	5974864	4732388	24885419	15369941
2012	39642358	6654250	5474212	32988108	23285733
2013	37576331	4304507	4221775	33271824	21078994
2014	40831354	1436675	1368284	39394679	33741709
2015	54522165	1090890	855888	53431275	20912499

注　国家预算内投资包括预算内拨款（指财政预算内经营性或非经营性资金支出）、预算内专项资金和水利建设基金。

Note　Investment from national budget includes allocation from budget (here refers to business and non-business expenditure from national budget), special funds from budget and water project construction funds.

6-17 2015 年分中央和地方项目水利建设投资完成额（按地区分）

Completed Investment for Water Project Construction Divided by Central and Local Governments in 2015 (by Region)

单位：万元   unit: 10^4 yuan

地区	Region	完成投资合计 Total Completed Investment	中央项目完成投资 Completed Investment of Central Government Projects	#国家预算内投资 Investment from National Budget	#国家预算内拨款 Allocation from National Budget	地方项目完成投资 Completed Investment of Local Government Projects	#国家预算内投资 Investment from National Budget	#国家预算内拨款 Allocation from National Budget
合 计	Total	54522165	1090890	855888	332828	53431275	20912499	10214315
北 京	Beijing	167089	30460	30460	30460	136629	35410	1800
天 津	Tianjin	329999	5078	5078	5078	324921	97549	22119
河 北	Hebei	3639755	1727	1727	1727	3638028	1104101	291212
山 西	Shanxi	1467048	7196	6656	325	1459852	427565	168328
内蒙古	Inner Mongolia	1132799	6460	6460	6460	1126339	605482	249763
辽 宁	Liaoning	1514051	301	301	301	1513750	848577	659791
吉 林	Jilin	909428	1442	1442	1442	907986	514845	204220
黑龙江	Heilongjiang	3092561	1446	1446	1446	3091115	2056818	1479182
上 海	Shanghai	937565	23909	23909	23909	913656	16745	4284
江 苏	Jiangsu	2385669	28750	28750	11099	2356919	458105	161551
浙 江	Zhejiang	5432448				5432448	350392	84434
安 徽	Anhui	1501905	6493	5806	5806	1495412	793330	528982
福 建	Fujian	2297437				2297437	377286	217027
江 西	Jiangxi	1509264				1509264	789196	279661
山 东	Shandong	2910771	97727	97727	31233	2813044	510219	218010
河 南	Henan	1566448	185988	185982	25446	1380460	880645	436511
湖 北	Hubei	1610726	289337	289337	20622	1321389	851741	389312
湖 南	Hunan	1476353	1400	1400	1400	1474953	937750	435793
广 东	Guangdong	2478818	8419	8419	8419	2470398	456719	96510
广 西	Guangxi	1877842	382820	150051	150051	1495021	908495	362489
海 南	Hainan	467061				467061	255483	87595
重 庆	Chongqing	1883644				1883644	640137	298851
四 川	Sichuan	1895872				1895872	1307221	497955
贵 州	Guizhou	1356491				1356491	860281	261550
云 南	Yunnan	3413860	430	430	430	3413430	800557	273398
西 藏	Tibet	526128				526128	479911	409894
陕 西	Shaanxi	1949416	9265	8265	4933	1940151	944987	547961
甘 肃	Gansu	1589331	1441	1441	1441	1587890	773810	460469
青 海	Qinghai	366481	800	800	800	365681	224663	114836
宁 夏	Ningxia	413273				413273	269443	114716
新 疆	Xinjiang	2422635				2422635	1335034	856112

注 国家预算内投资包括预算内拨款（指财政预算内经营性或非经营性资金支出）、预算内专项资金和水利建设基金。

Note   Investments from national budget include allocation from budget (here refers to business and non-business expenditure from national budget), and special funds from budget and water project construction funds.

6-18 历年分资金来源水利建设投资完成额

Completed Investment for Water Project Construction by Financial Sources and Year

单位：万元 unit: 10^4 yuan

年份 Year	完成投资合计 Total Completed Investment	国家投资 National Investment	国内贷款 Domestic Loan	债券 Bonds	水利建设基金 Water Project Investment Funds	企业和私人投资 Company and Private Investment	利用外资 Foreign Investment	自筹投资 Self-raising Funds	以工代赈 Labor for Subsidy	其他 Others
1989	355508	227082	14537				11131	86035		16723
1990	487203	278314	20532				22100	135075		31182
1991	648677	339331	48209				59562	172800		28775
1992	1092231	365583	90528				54233	302079	120561	159247
1993	1352846	388237	234441				60343	376303	112057	181465
1994	1687140	421409	389491				148003	500900		227337
1995	2062088	529962	476092				247177	564120		244737
1996	2432539	668533	527637	595			246354	728528	47301	213591
1997	3154061	860940	456094	5040	199311		330697	1010467		291512

年份 Year	完成投资合计 Total Completed Investment	国家预算内拨款 National Budget Allocation	国家预算内专项资金 Special Funds from National Budget	国内贷款 Domestic Loan	债券 Bonds	水利建设基金 Water Project Investment Funds	企业和私人投资 Company and Private Investment	利用外资 Foreign Investment	自筹投资 Self-raising Funds	财政专项资金 Financial Special Funds	其他 Others
1998	4676865	995338	1107358	562135		180526		209127	1302536		319845
1999	4991476	857574	1398239	369829	219563	236018		203968	1409224		297061
2000	6129331	722894	2152266	478405	30355	322969		232487	1900309		289646
2001	5607065	891427	1933136	325480	12744	209879		275515	1741860		217024
2002	8192153	1129568	3191917	552078	11735	275895		202498	2487278		341184
2003	7434176	1058321	2346093	914163	2080	294907		103420	2471857		243335
2004	7835450	1258899	1922409	1026356		287902		122315	2962934		254634
2005	7468483	1330632	1793636	941809		302698	507175	192643	1914776		485114
2006	7938444	1931541	1847169	806606		361223	338470	143434	1784897		725104
2007	9448538	2700258	1956989	833576	400	677814	383498	94756	2199398		601848
2008	10882012	3903636	1604711	969469		604949	358735	105085	2353630		981800
2009	18940321	9299491	1287604	1528610		1054664	414027	75675	3338654		1941596
2010	23199265	9180534	947861	3374355	25299	2151824	480135	13058	3161926		3864273
2011	30860284	8988189	291662	2703080	38614	796110	749193	44176	4068349	5648074	7532837
2012	39642358	12914781	253770	2655028	51882	1200487	1133757	41295	3504219	10042017	7845122
2013	37576331	11367534	127330	1726871	17221	1080554	1607082	85724	3606718	9374510	8582786
2014	40831354	12820428	23949	2996401		2691996	899416	43286	3398976	11592375	6364525
2015	54522165	15496631	141994	3386394	4461	1421337	1879054	75704	5731487	18921413	7463690

注　2011年、2012年、2013年、2014年和2015年"其他"投资中含重大水利工程建设基金，分别为437.8亿元、434.9亿元、412.6亿元、136.8亿元和80.4亿元。

Note　"Others" of 2011 and 2012 and 2013 and 2014 and 2015 in the table, including the Major Water Project Construction Funds, are 43.78 billion yuan, 43.49 billion yuan, 41.26 billion yuan 13.68 billion yuan and 8.04 billion yuan respectively.

6-19 2015 年分资金来源水利建设投资完成额（按地区分）（一）

Completed Investment for Water Project Construction by Financial Sources in 2015 (by Region) (1)

单位：万元　　　　　　　　　　　　　　　　　　　　　　　　　　　　　　　　unit: 10^4 yuan

地区 Region		完成投资 合计 Total Completed Investment	国家预算内拨款 National Budget Allocation	国家预算内专项资金 Special Funds from National Budget	国家财政专项资金 Financial Special Funds	国内贷款 Domestic Loan	水利建设基金 Water Project Investment Funds	企业和私人投资 Company and Private Investment	利用外资 Foreign Investment	自筹投资 Self-raising Funds	其他 Others
合　计	Total	54522165	15496631	141994	18921413	3386394	1421337	1879054	75704	5731487	7468151
北　京	Beijing	167089	84981		61402		260				20446
天　津	Tianjin	329999	27197	33761	131386		8703	47626		59668	21658
河　北	Hebei	3639755	533724		971175	493528	55	532459	9858	867552	231404
山　西	Shanxi	1467048	248690	4512	350786	56763	7579	17458	5885	49954	725422
内蒙古	Inner Mongolia	1132799	264117		366196	3881	241698	7574		57653	191680
辽　宁	Liaoning	1514051	704234		514167	146588		3091		20514	125458
吉　林	Jilin	909428	268913	2129	393228	75456	74424	7679		15569	72031
黑龙江	Heilongjiang	3092561	1507290		699880	50000				833732	1659
上　海	Shanghai	937565	677964	695	244964	2707	3540	7695			
江　苏	Jiangsu	2385669	1329073	2223	530731	4853	64583		2212	402401	49593
浙　江	Zhejiang	5432448	811240	62	1462806	1322123	608307	132099	16064	390286	689462
安　徽	Anhui	1501905	607655	3750	485969		12741		687	238674	152429
福　建	Fujian	2297437	746355	13934	545979	70671	15162	44273		16905	844158
江　西	Jiangxi	1509264	352258	10447	826775	312	1384	71966	10848	31793	203480
山　东	Shandong	2910771	260734	18381	829457	9765	21155			1309310	461968
河　南	Henan	1566448	463216	664	804473	3343	24704			581	269467
湖　北	Hubei	1610726	421667	5003	719484	2050	31256	15014		48326	367926
湖　南	Hunan	1476353	757735		620333	50000	48			22630	25607
广　东	Guangdong	2478818	104929		1757562	1293	1334	22099		262084	329516
广　西	Guangxi	1877842	582164		842208	158990	160389	33739		78511	21840
海　南	Hainan	467061	122057		299301	8700		18408			18595
重　庆	Chongqing	1883644	308419	2994	622539	29563	6863	225556	380	56249	631080
四　川	Sichuan	1895872	576802	6250	1024656	51387	6613	31659	9000	72410	117094
贵　州	Guizhou	1356491	494038	1579	757400	23436	3403	16991	400	18329	40913
云　南	Yunnan	3413860	386785	32034	755056	108688	6858	224683	7959	738670	1153126
西　藏	Tibet	526128	421241		87006			7614		8795	1472
陕　西	Shaanxi	1949416	593301	3575	568638	287607	77832	93384		17619	307460
甘　肃	Gansu	1589331	479548		453620	324834	32366	55617		10922	232424
青　海	Qinghai	366481	158929		154209					3724	49619
宁　夏	Ningxia	413273	114725		275608		2600			565	19774
新　疆	Xinjiang	2422635	1086650		764417	99856	7480	262372	12411	98060	91389

注　"其他"项中含有债券、重大水利建设基金、土地出让收益、水资源费完成额。

Note　"Others" in the table include completed investment of bonds, major water project construction funds, land sale revenue and water resources fee.

6-20 2015 年分资金来源水利建设投资完成额（按地区分）（二）

Completed Investment for Water Project Construction by Financial Sources in 2015 (by Region) (2)

单位：万元　　　　　　　　　　　　　　　　　　　　　　　　　　　　　　　　　　　　unit: 10⁴ yuan

地区	Region	完成投资合计 Total Completed Investment	政府投资① Government Investment	中央 Central	地方 Local	国内贷款 Domestic Loan	企业和私人投资 Company and Private Investment	利用外资 Foreign Investment	债券 Bonds	其他 Others
合 计	Total	54522165	47858836	22312410	25546426	3386394	1879054	75704	4461	1316967
北 京	Beijing	167089	167089	72570	94519					
天 津	Tianjin	329999	281973	102627	179346		47626			400
河 北	Hebei	3639755	2525245	1105828	1419417	493528	532459	9858		78666
山 西	Shanxi	1467048	1353439	459011	894427	56763	17458	5885		33504
内蒙古	Inner Mongolia	1132799	1073731	685940	387791	3881	7574			47613
辽 宁	Liaoning	1514051	1361456	875490	485966	146588	3091			2917
吉 林	Jilin	909428	805240	553719	251521	75456	7679			21054
黑龙江	Heilongjiang	3092561	3042561	2058264	984297	50000				
上 海	Shanghai	937565	927163	40654	886510	2707	7695			
江 苏	Jiangsu	2385669	2370675	502990	1867685	4853		2212		7928
浙 江	Zhejiang	5432448	3782437	350992	3431445	1322123	132099	16064		179725
安 徽	Anhui	1501905	1501218	799136	702081			687		
福 建	Fujian	2297437	2174088	426499	1747589	70671	44273		1861	6544
江 西	Jiangxi	1509264	1398942	790688	608253	312	71966	10848		27196
山 东	Shandong	2910771	2898784	607946	2290838	9765				2223
河 南	Henan	1566448	1534262	1066628	467635	3343				28843
湖 北	Hubei	1610726	1592201	1153463	438737	2050	15014			1461
湖 南	Hunan	1476353	1425389	939150	486239	50000				964
广 东	Guangdong	2478818	2450571	484111	1966461	1293	22099			4855
广 西	Guangxi	1877842	1684695	1058546	626149	158990	33739			417
海 南	Hainan	467061	434426	255483	178942	8700	18408			5527
重 庆	Chongqing	1883644	1418515	648359	770157	29563	225556	380		209629
四 川	Sichuan	1895872	1787208	1334634	452575	51387	31659	9000		16617
贵 州	Guizhou	1356491	1312269	860556	451713	23436	16991	400		3394
云 南	Yunnan	3413860	2638807	860200	1778607	108688	224683	7959		433723
西 藏	Tibet	526128	518514	479911	38603		7614			
陕 西	Shaanxi	1949416	1463273	1023602	439671	287607	93384			105153
甘 肃	Gansu	1589331	1120127	817506	302621	324834	55617			88754
青 海	Qinghai	366481	358895	225663	133232					7586
宁 夏	Ningxia	413273	412796	288045	124750					477
新 疆	Xinjiang	2422635	2042849	1384199	658649	99856	262372	12411	2600	2547

① 政府投资指中央及地方各级政府完成的水利建设的各项财政资金（包括预算内非经营性基金、国债专项资金和水利建设基金等）和政府部门自筹投资等。

① Government investment refers to all sorts of financial funds from Central Government and local governments at all levels (including non-business funds from budget, special funds and bonds and water project construction funds) and self-raising funds of governmental departments.

6-21　历年分用途水利建设投资完成额

Completed Investment for Water Project Construction by Function and Year

单位：万元   unit: 10⁴ yuan

年份 Year	完成投资 合计 Total Completed Investment	水库 Reservoir	防洪 Flood Control	灌溉 Irrigation	除涝 Drainage	供水 Water Supply	水电 Hydropower	水保及生态 Soil Conservation and Ecological Restoration	机构能 力建设 Capacity Building	前期 工作 Early-stage Work	其他 Others
1960	333941	171127	10196	117441	7804						27373
1961	96041	60217	2629	16339	3161						13696
1962	77990	40899	2966	9586	5773						18766
1963	86760	43349	9735	10915	15006						7755
1979	370400	99352	36856	96545	44911						92736
1980	270700	91673	29628	61211	27240						60948
1981	135700	52191	20783	23579	7469						31678
1982	174737	51607	8641	28606	8323						77560
1983	211296	56110	20271	36301	10250						88364
1984	206828	56174	23682	42147	13752						71073
1985	201580	53477	32567	43146	14887						57503
1986	228702	53937	43456	46689	12542	12272					59806
1987	271012	75211	58208	51691	17169	5222					63511
1988	306454	82400	71690	59632	17501	2533					72698
1989	355508	105133	72675	73017	20855	3674					80154
1990	487203	135140	102015	105913	21430	35619					87086
1991	648677	139023	138463	123888	28583	55188	98356				65176
1992	971670	198994	221794	161717	50616	95338	154145				89066
1993	1249260	308558	236551	176821	39098	119747	243324				125161
1994	1687353	436379	242735	162911	57023	237327	393176				157802
1995	2063156	589771	318514	182524	68919	139079	581660				182689
1996	2385240	919545	362152	231447	73659	143625	486151				168661
1997	3154061	1001367	510191	307183	65073	284668	791548				194031
1998	4676865	1131204	1570617	591833	91479	277736	704240				309756
1999	4991576	1122989	2266682	280571	109693	287314	473833	120034			330460
2000	6129331	960273	3049937	537250	110118	410900	563284	182927			314642
2001	5607065		3083006	703721	112183	806205	301137	176624	192108	88888	143538
2002	8192153		4407481	1000174	103544	1515592	466745	319977	169155	68250	141236
2003	7434176		3350814	1045892	88164	1206149	622774	519068	161628	93008	346678
2004	7835450		3579295	875545	90180	1307918	715307	587101	71699	103206	505200
2005	7468483		2781555	1065966	146744	1165206	654724	391856	224008	102562	935862
2006	7938444		2787116	1094704	94098	2082293	573234	422184	65560	136359	682897
2007	9448538		2985677	1039159	199132	3011747	664919	603164	88527	116046	740166
2008	10882012		3465187	1165918	235203	3512571	773709	768749	106007	160441	694229
2009	18940321		6287388	2482320	460735	6178105	720419	867355	106040	158802	1679157
2010	23199265		6635903	3342666	210569	7362713	1053896	858998	195615	248711	3290195
2011	30860284		9962265	4691165	220764	8150170	1090134	953860	402459	420380	4969087
2012	39642358		13942837	6344734	316750	12770928	1171955	1181181	595519	407417	2911038
2013	37576331		13044565	6717187	313072	10614102	1644196	1028920	525410	407346	3281531
2014	40831354		14674482	8230453	551045	10291072	2169022	1412978	409444	650643	2442215
2015	54522165		18791182	13917741	511348	13165716	1520851	1929413	292403	1019151	3374362

注　1998 年前未细分出水保及生态，均放于"其他"中；2001 年以后，水库投资已按用途分摊到有关工程类型中。

Note　Soil and water conservation and ecological restoration projects are grouped into other projects before the year of 1998. After the year of 2001, the investment of reservoir has been grouped into other projects in accordance with its function.

6-22　2015 年分用途水利建设投资完成额（按地区分）

Completed Investment for Water Project Construction by Function in 2015
(by Region)

单位：万元　　　　　　　　　　　　　　　　　　　　　　　　　　　　　　　　unit: 10^4 yuan

地区	Region	完成投资合计 Total Completed Investment	防洪 Flood Control	灌溉 Irrigation	除涝 Drainage	供水 Water Supply	水电 Hydropower	水保及生态 Soil Conservation and Ecological Restoration	机构能力建设 Capacity Building	前期工作 Early-stage Work	其他 Others
合　计	Total	54522165	18791182	13917741	511348	13165716	1520851	1929413	292403	1019151	3374362
北　京	Beijing	167089	76383	48678				10559	16449	15020	
天　津	Tianjin	329999	151061	51554		67158		1883	2483	2595	53265
河　北	Hebei	3639755	822004	811307	5193	1807366	4752	132033	19577	22619	14906
山　西	Shanxi	1467048	178816	330487		665848	7104	83952	19839	31394	149608
内蒙古	Inner Mongolia	1132799	309825	502094	6375	172806	28977	68645	14641	13201	16235
辽　宁	Liaoning	1514051	185504	202952	12048	1064230	4839	36645	2857	363	4615
吉　林	Jilin	909428	306196	274615	1775	244940	52943	10514	4673	7771	6002
黑龙江	Heilongjiang	3092561	1601411	1248027		190179	11050	40448	1446		
上　海	Shanghai	937565	660292	164652	55310			45415	2229	9437	230
江　苏	Jiangsu	2385669	1326727	526105	88434	98599		234229	12870	40607	58098
浙　江	Zhejiang	5432448	2645535	254682	199953	415956	26847	259960	7034	448975	1173507
安　徽	Anhui	1501905	665874	251801	6563	358092	11374	25370	11612	4523	166696
福　建	Fujian	2297437	1111785	522421	19877	390878	11529	80460	198	42786	117503
江　西	Jiangxi	1509264	620959	301481	6505	207527	91595	63932	5945	10017	201303
山　东	Shandong	2910771	637150	400585	12804	1647463	1472	39830	53375	96272	21820
河　南	Henan	1566448	590016	290276	2000	587284	9490	40448	8925	12304	25705
湖　北	Hubei	1610726	437867	370307	21948	364409	48015	50591	21355	13976	282258
湖　南	Hunan	1476353	651015	246013	18201	395981	71558	51069	4796	14351	23369
广　东	Guangdong	2478818	1296881	545960	37396	166433	154415	42306	3551	8337	223540
广　西	Guangxi	1877842	628345	482737		366529	195782	51370	3646	32000	117434
海　南	Hainan	467061	190952	92372		16846	18087	8648	2232	3222	134702
重　庆	Chongqing	1883644	504595	545539	6727	344020	142335	119294	27306	35168	158660
四　川	Sichuan	1895872	296457	883026	1316	522501	34951	56590	12877	26470	61684
贵　州	Guizhou	1356491	583541	280167	2117	356022	49554	42570	4136	4604	33781
云　南	Yunnan	3413860	630042	1923798	4501	583239	75213	57042	3249	29287	107488
西　藏	Tibet	526128	72087	272167		13886	149239	5690	223	1084	11753
陕　西	Shaanxi	1949416	595065	409032	150	563773	64074	148662	3624	20387	144649
甘　肃	Gansu	1589331	253730	418578		732684	56748	72242	2250	44942	8158
青　海	Qinghai	366481	84009	126269		117483	12356	19052	1199	729	5384
宁　夏	Ningxia	413273	133600	134532		117874	80	15438			11748
新　疆	Xinjiang	2422635	543460	1005526	2156	585710	186474	14528	17806	26711	40263

6-23 历年各水资源分区水利建设投资完成额

Completed Investment for Water Project Construction by Water Resources Sub-region and Year

单位：亿元   unit: 10⁸ yuan

年份 Year	完成投资 合计 Total Completed Investment	松花江区 Songhua River	辽河区 Liaohe River	海河区 Haihe River	黄河区 Yellow River	淮河区 Huaihe River	长江区 Yangtze River	珠江区 Pearl River	东南诸河区 Rivers in Southeast	西南诸河区 Rivers in Southwest	西北诸河区 Rivers in Northwest
1980	27.07	1.15	0.53	2.73	4.47	2.79	7.12	1.41			
1985	20.16	0.73	0.41	2.55	4.2	1.81	5.25	1.52			
1990	48.72	2.25	3.01	4.06	8.86	3.92	14.75	4.66			
1991	64.87	2.39	3	3.88	11.08	5.99	18.84	9.51			
1992	97.17	4.71	3.62	6.4	16.35	9.37	32.11	12.26			
1993	124.93	3.77	6.2	11.62	24.26	7.74	39.27	13.49			
1994	168.74	6.13	5.21	12.38	33.36	12.08	51.47	21.04			
1995	206.32	5.38	6.96	14	52.51	16.15	59.88	17.38			
1996	238.52	4.08	3.63	20.34	68.03	17.17	58.17	21.95			
1997	315.41	5.01	2.81	20.91	92.58	18.25	72.32	38.39			
1998	467.56	13.47	3.54	31.28	116.17	29.78	125.73	50.36			
1999	499.16	6.29	26.4	21.44	104.67	33.85	157.97	43.47			
2000	612.93	9.42	24.23	47.21	95.84	38.25	218.37	62.45			
2001	560.71	16.49	7.47	33.54	100.03	32.83	186.58	50.86			
2002	819.22	38.95	12.43	62.2	108.5	46.2	283.38	77.17			
2003	743.42	41.54	10.19	61.83	86.86	51.32	210.65	66.39			
2004	783.55	32.63	11.54	55.43	108.92	84.52	207.31	69.22			
2005	746.85	30.89	21.77	51.6	95.04	80.7	210.76	81.38	91.17	16.83	66.69
2006	793.84	31.44	23.88	112.82	78.46	87.15	219.32	76.83	73.69	16.48	73.8
2007	944.85	33.13	28.55	101.84	111.53	130.89	290.87	75.21	75.59	21.85	75.4
2008	1088.2	38.2	40.88	81.91	123.09	118.48	375.07	100.3	88.54	25.79	95.95
2009	1894.03	73.67	81.11	160.97	281.24	206.18	614.21	195.6	117.72	38.41	124.91
2010	2319.93	74.47	53.95	247.07	341.84	171.35	808.78	262.4	169.5	64.49	126.09
2011	3086.03	124.36	75.43	220.53	528.32	225.73	1230.97	285.94	194.66	68.42	131.67
2012	3964.24	198.92	111.42	274.4	709.14	288.06	1487.49	294.51	293.46	118.04	188.79
2013	3757.63	106.49	125.95	330.83	386.57	366.86	1713.12	256.09	64.95	157.19	249.57
2014	4083.14	235.93	152.26	362.67	354.91	375.22	1712.14	312.55	239.56	163.86	174.04
2015	5452.22	428.96	178.11	533.72	512.35	506.46	1697.25	568.15	458.18	264.21	304.84

注　2005 年以前，本表按照流域统计当年投资完成额，其中东南诸河区、西南诸河区、西北诸河区未作细分。

Note　Before the year of 2005, the completed investment of the year in this table is calculated based on river basins, and the data of rivers in southeast, rivers in southwest, rivers in northwest, are not given.

6-24 2015年各水资源分区水利建设投资完成额（按地区分）

Completed Investment for Water Project Construction by Water Resources Sub-region in 2015 (by Region)

单位：万元 unit: 10^4 yuan

地区 / Region	完成投资 合计 Total Completed Investment	松花江区 Songhua River	辽河区 Liaohe River	海河区 Haihe River	黄河区 Yellow River	淮河区 Huaihe River	长江区 Yangtze River	珠江区 Pearl River	东南诸河区 Rivers in Southeast	西南诸河区 Rivers in Southwest	西北诸河区 Rivers in Northwest
合 计 Total	54522165	4289576	1781125	5337197	5123493	5064550	16972501	5681482	4581784	2642098	3048358
北 京 Beijing	167089			167089							
天 津 Tianjin	329999			329999							
河 北 Hebei	3639755			3639755							
山 西 Shanxi	1467048			454051	1012997						
内蒙古 Inner Mongolia	1132799	306307	248833	5971	493682						78006
辽 宁 Liaoning	1514051	12970	1500602	479							
吉 林 Jilin	909428	877738	31690								
黑龙江 Heilongjiang	3092561	3092561									
上 海 Shanghai	937565						937565				
江 苏 Jiangsu	2385669					1136243	1249425				
浙 江 Zhejiang	5432448						3144336		2288113		
安 徽 Anhui	1501905					858463	642741		700		
福 建 Fujian	2297437						4465		2292972		
江 西 Jiangxi	1509264						1509264				
山 东 Shandong	2910771			667372	157689	2037503	48207				
河 南 Henan	1566448			72481	201983	1032340	259644				
湖 北 Hubei	1610726						1610726				
湖 南 Hunan	1476353						1415554	60799			
广 东 Guangdong	2478818							2478818			
广 西 Guangxi	1877842						15239	1862603			
海 南 Hainan	467061							467061			
重 庆 Chongqing	1883644						1883644				
四 川 Sichuan	1895872						1895872				
贵 州 Guizhou	1356491						1012216	344275			
云 南 Yunnan	3413860						841171	467927		2104763	
西 藏 Tibet	526128									526128	
陕 西 Shaanxi	1949416				1564405		385011				
甘 肃 Gansu	1589331				1031451		108712				449169
青 海 Qinghai	366481				248014		8711			11207	98549
宁 夏 Ningxia	413273				413273						
新 疆 Xinjiang	2422635										2422635

6-25　历年分隶属关系水利建设投资完成额

Completed Investment for Water Project Construction by Ownership and Year

单位：万元   unit: 10^4 yuan

年份 Year	完成投资 合计 Total Completed Investment	中央属 Central Government	省属 Provincial Governments	地市属 Prefectures and Cities	县属 Counties	其他 Others
2000	6129331	1385363	2465371	1187976	974035	116586
2001	5607065	1219487	2237784	1070939	976605	102250
2002	8192153	1250858	3454247	1818716	1668332	
2003	7434176	964952	3239531	1458719	1699661	71313
2004	7835450	1429738	2900010	1642748	1518628	343126
2005	7468483	1227628	2548527	1882009	1579786	230533
2006	7938444	1610784	2260775	2010232	1825458	231196
2007	9448538	1544575	2891368	2389052	2266202	357341
2008	10882012	1092053	3193009	2675569	3667281	254100
2009	18940321	2068697	4693782	4906296	7119662	151884
2010	23199265	4427984	5147607	4886393	8160858	576423
2011	30860284	5974864	5766091	5401723	13539071	178534
2012	39642358	6654250	7100709	6133605	19751460	2333
2013	37576331	4304507	7201760	5405134	20578714	86216
2014	40831354	1436675	8882262	5732513	24660484	119421
2015	54522165	1090890	12009713	8324721	32395780	701061

6-26　2015 年分隶属关系水利建设投资完成额（按地区分）

Completed Investment for Water Project Construction by Ownership in 2015 (by Region)

单位：万元　　　　　　　　　　　　　　　　　　　　　　　　　　　　　　　　　　　　　unit: 10⁴ yuan

地区 Region		完成投资 合计 Total Completed Investment	中央属 Central Government	省属 Provincial Governments	地市属 Prefectures and Cities	县属 Counties	其他 Others
合　计	Total	54522165	1090890	12009713	8324721	32395780	701061
北　京	Beijing	167089	30460	50970	85659		
天　津	Tianjin	329999	5078	201788	123133		
河　北	Hebei	3639755	1727	1636450	328688	1066485	606405
山　西	Shanxi	1467048	7196	770063	115256	574533	
内蒙古	Inner Mongolia	1132799	6460	203058	265999	657282	
辽　宁	Liaoning	1514051	301	827322	187268	498258	902
吉　林	Jilin	909428	1442	145827	181358	574891	5911
黑龙江	Heilongjiang	3092561	1446	1066311	252665	1772139	
上　海	Shanghai	937565	23909	900665	12991		
江　苏	Jiangsu	2385669	28750	435523	763069	1121076	37250
浙　江	Zhejiang	5432448		169537	1197633	4065228	50
安　徽	Anhui	1501905	6493	588031	586471	320909	
福　建	Fujian	2297437		482205	577337	1237895	
江　西	Jiangxi	1509264		331277	131442	1041383	5162
山　东	Shandong	2910771	97727	115644	452084	2245317	
河　南	Henan	1566448	185988	379386	293949	707125	
湖　北	Hubei	1610726	289337	253045	117857	950487	
湖　南	Hunan	1476353	1400	202689	193262	1079002	
广　东	Guangdong	2478818	8419	101304	486480	1856604	26010
广　西	Guangxi	1877842	382820	370603	167263	957156	
海　南	Hainan	467061		72714	41277	353070	
重　庆	Chongqing	1883644		60805	1145	1821694	
四　川	Sichuan	1895872		197230	280348	1418294	
贵　州	Guizhou	1356491		230000	88133	1038358	
云　南	Yunnan	3413860	430		297636	3115795	
西　藏	Tibet	526128		177115	123432	225581	
陕　西	Shaanxi	1949416	9265	696715	290563	952873	
甘　肃	Gansu	1589331	1441	223171	287730	1076989	
青　海	Qinghai	366481	800	39885	24547	300774	475
宁　夏	Ningxia	413273		227244	12326	173703	
新　疆	Xinjiang	2422635		853136	357722	1192881	18896

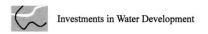

6-27　历年分建设性质水利建设投资完成额

Completed Investment of Water Projects by Construction Type and Year

单位：万元   unit: 10^4 yuan

年份 Year	完成投资 合计 Total Completed Investment	新建 Newly- constructed	扩建 Expansion	改建 Rehabilitation	建造生活 设施 Domestic Facilities	迁建 Relocation Construction	恢复 Restoration	单纯购置 Procurement Only	前期工作 Early-stage Work
2001	5607065	3142493	799554	1555439	1419	3808	98859	5453	
2002	8192153	4370052	985730	2583175	4554	16425	225996	6221	
2003	7434176	4612389	748559	1922749	855	16889	125502	7234	
2004	7835450	5232176	787089	1648118	1697	552	160443	5376	
2005	7468483	5169892	913465	1254193	5989	435	116656	7852	
2006	7938444	5836456	679318	1243188		13730	58633	5082	102036
2007	9448538	6622152	809702	1855168		1888	78782	10328	70518
2008	10882012	6937057	809372	2881669	12990	14725	148107	8967	69126
2009	18940321	11696786	1340990	5704611	1291	10202	54847	6191	125403
2010	23199265	16492525	1262254	5091019		12872	228757	15949	95888
2011	30860284	21901730	1789445	6385538	6766	26135	278805	63158	408708
2012	39642358	25536930	1299875	12321437		48364	241298	33045	161409
2013	37576331	25553378	1477689	9611358		15728	300676	94565	522008
2014	40831354	28633614	2327562	8894558		8277	371433	66884	529025
2015	54522165	40077117	2920473	10667646		14165	328103	144340	370321

6-28　2015年分建设性质水利建设投资完成额（按地区分）

Completed Investment of Water Projects by Construction Type in 2015
(by Region)

单位：万元　　　　　　　　　　　　　　　　　　　　　　　　　　　　　　　　　　　　　　　unit: 10⁴ yuan

地区	Region	完成投资合计 Total Completed Investment	新建 Newly-constructed	扩建 Expansion	改建 Rehabilitation	迁建 Relocation Construction	恢复 Restoration	单纯购置 Procurement Only	前期工作 Early-stage Work
合　计	**Total**	**54522165**	**40077117**	**2920473**	**10667646**	**14165**	**328103**	**144340**	**370321**
北　京	Beijing	167089	136866	20277	391			571	8983
天　津	Tianjin	329999	175203	86808	65393				2595
河　北	Hebei	3639755	2821459		806452			11845	
山　西	Shanxi	1467048	1145045	121862	197833		613	1320	375
内蒙古	Inner Mongolia	1132799	539019	89781	493437		1200	1	9361
辽　宁	Liaoning	1514051	1386631	8869	107834		5662	5055	
吉　林	Jilin	909428	738855	4158	165364		280		771
黑龙江	Heilongjiang	3092561	3007259	17896	67406				
上　海	Shanghai	937565	590383		346785				397
江　苏	Jiangsu	2385669	1250357	494290	626822	1551	12648		
浙　江	Zhejiang	5432448	3973353	204429	1109238	2850	83772	2504	56302
安　徽	Anhui	1501905	819919	9043	664622	565	2515	855	4385
福　建	Fujian	2297437	2096331	48987	152119				
江　西	Jiangxi	1509264	804939	85547	610157		8606	15	
山　东	Shandong	2910771	2328186	328859	238466		13000	10	2250
河　南	Henan	1566448	1200278	17163	326628	6	10988		11385
湖　北	Hubei	1610726	130312	197254	987258	40	40	52981	242841
湖　南	Hunan	1476353	675427	344860	420935		27987	7044	100
广　东	Guangdong	2478818	1334108	402377	642931	9153	61965	23052	5232
广　西	Guangxi	1877842	1374934	69252	419856		13800		
海　南	Hainan	467061	411271	14512	40701		526	51	
重　庆	Chongqing	1883644	1649471	48422	158930			7179	19643
四　川	Sichuan	1895872	1747221	42995	104405		1250		
贵　州	Guizhou	1356491	1274856	15311	39399		22925	3228	772
云　南	Yunnan	3413860	2929537	43897	389352		44183	6891	
西　藏	Tibet	526128	522389	469	3270				
陕　西	Shaanxi	1949416	1099785	33513	804911		5289	5594	325
甘　肃	Gansu	1589331	1380453	42731	161753		3894		500
青　海	Qinghai	366481	326594	9996	24271		5439	181	
宁　夏	Ningxia	413273	338941	53154	19617		134	322	1104
新　疆	Xinjiang	2422635	1867736	63760	471110		1387	15642	3000

6-29 历年分建设阶段水利建设投资完成额

Completed Investment of Water Projects by Construction Stage and Year

单位：万元   unit: 10⁴ yuan

年份 Year	完成投资 合计 Total Completed Investment	筹建 Preparation	当年正式施工 Start Construction at the Present Year	当年收尾 Completed at the Present Year	全部停缓建 Suspended or Cancelled	单纯购置 Procurement Only	前期工作 Early-stage Work
2000	6129331	3460	6066009	49828	303	9731	
2001	5607065	116523	5272460	208304	650	6080	
2002	8192153	164376	7780740	240816		6221	
2003	7434176	45986	7206884	170562	3510	7234	
2004	7835450	141607	7406704	273994	7763	5384	
2005	7468483		7394937	56826	8867	7852	
2006	7938444	40716	7651806	132829	14226	5082	93784
2007	9448538	61830	9017110	259879	11690	8836	89193
2008	10882012	82697	10607800	80926	11540	8967	90082
2009	18940321	352473	18322138	112391	23122	6191	124006
2010	23199265	211602	22783218	25864	8067	15949	154565
2011	30860284	556487	29784426	45422	2083	63158	408708
2012	39642358	687320	38714955	40132	5498	33045	161409
2013	37576331	696244	36176897	12888	8999	94565	584680
2014	40831354	1397937	38766904	22227	17572	66884	559830
2015	54522165	665889	53323533	8625	9457	144340	370321

6-30 2015 年分建设阶段水利建设投资完成额（按地区分）

Completed Investment of Water Projects by Construction Stage in 2015
(by Region)

单位：万元   unit: 10⁴ yuan

地区	Region	完成投资 合计 Total Completed Investment	筹建 Preparation	当年正式施工 Start Construction at the Present Year	当年收尾 Completed at the Present Year	全部停缓建 Suspended or Cancelled	单纯购置 Procurement Only	前期工作 Early-stage Work
合 计	**Total**	**54522165**	**665889**	**53323533**	**8625**	**9457**	**144340**	**370321**
北 京	Beijing	167089	4970	152564			571	8983
天 津	Tianjin	329999		327404				2595
河 北	Hebei	3639755		3627911			11845	
山 西	Shanxi	1467048	851	1453756	2089	8657	1320	375
内蒙古	Inner Mongolia	1132799		1123437			1	9361
辽 宁	Liaoning	1514051	25714	1483282			5055	
吉 林	Jilin	909428		908657				771
黑龙江	Heilongjiang	3092561		3092561				
上 海	Shanghai	937565	47538	889630				397
江 苏	Jiangsu	2385669	24479	2360480	710			
浙 江	Zhejiang	5432448	91482	5282160			2504	56302
安 徽	Anhui	1501905	163439	1333226			855	4385
福 建	Fujian	2297437	139991	2157446				
江 西	Jiangxi	1509264	1000	1508249			15	
山 东	Shandong	2910771	1400	2907111			10	2250
河 南	Henan	1566448	536	1554521	6			11385
湖 北	Hubei	1610726		1314391	513		52981	242841
湖 南	Hunan	1476353	1981	1467228			7044	100
广 东	Guangdong	2478818	31711	2418823			23052	5232
广 西	Guangxi	1877842	45654	1832188				
海 南	Hainan	467061	5485	461524			51	
重 庆	Chongqing	1883644	17576	1838873		374	7179	19643
四 川	Sichuan	1895872		1895872				
贵 州	Guizhou	1356491		1352490			3228	772
云 南	Yunnan	3413860	47063	3359906			6891	
西 藏	Tibet	526128		526128				
陕 西	Shaanxi	1949416	9393	1929085	5019		5594	325
甘 肃	Gansu	1589331	2000	1586831				500
青 海	Qinghai	366481	345	365667	288		181	
宁 夏	Ningxia	413273	2377	409469			322	1104
新 疆	Xinjiang	2422635	905	2402662		426	15642	3000

6-31 历年分规模水利建设投资完成额

Completed Investment of Water Projects by Size of Water Project and Year

单位：万元

unit: 10⁴ yuan

年份 Year	完成投资 合计 Total Completed Investment	大中型 Large and Medium	小型 Small	其他 Others
2001	5607065	3384402	2207202	15461
2002	8192153	3035528	5088159	68465
2003	7434176	2343713	4815522	274940
2004	7835450	2259955	5365376	210120
2005	7468483	3263029	3766332	439121
2006	7938444	2961707	4451579	525158
2007	9448538	3183673	5485744	779121
2008	10882012	2539432	8179610	162970
2009	18940321	4502610	14205434	232277
2010	23199265	6878706	16093909	226650
2011	30860284	9452390	20863449	544445
2012	39642358	11694575	27575237	372546
2013	37576331	9059372	27632787	884172
2014	40831354	7085221	33088136	657997
2015	54522165	8599941	45402114	520110

6-32　2015 年分规模水利建设投资完成额（按地区分）

Completed Investment of Water Projects by Size of Project in 2015 (by Region)

单位：万元　　　　　　　　　　　　　　　　　　　　　　　　　　　　　　　　　　　　　unit: 10⁴ yuan

地区	Region	完成投资 合计 Total Completed Investment	大中型 Large and Medium	小型 Small	其他 Others
合　计	**Total**	**54522165**	**8599941**	**45402114**	**520110**
北　京	Beijing	167089		157296	9792
天　津	Tianjin	329999	26677	300727	2595
河　北	Hebei	3639755	143701	3483899	12155
山　西	Shanxi	1467048	587051	877689	2308
内蒙古	Inner Mongolia	1132799	59705	1063044	10050
辽　宁	Liaoning	1514051	988447	520248	5356
吉　林	Jilin	909428	148272	750047	11109
黑龙江	Heilongjiang	3092561	1171244	1919871	1446
上　海	Shanghai	937565		913656	23909
江　苏	Jiangsu	2385669	282723	2102946	
浙　江	Zhejiang	5432448	169723	5258115	4610
安　徽	Anhui	1501905	136898	1359067	5940
福　建	Fujian	2297437	84495	2212942	
江　西	Jiangxi	1509264	274406	1234843	15
山　东	Shandong	2910771	668796	2233552	8424
河　南	Henan	1566448	485845	1069218	11385
湖　北	Hubei	1610726	203974	1104315	302437
湖　南	Hunan	1476353	167200	1291487	17666
广　东	Guangdong	2478818	92816	2370070	15932
广　西	Guangxi	1877842	431108	1446683	51
海　南	Hainan	467061	67428	399581	51
重　庆	Chongqing	1883644	74842	1783194	25608
四　川	Sichuan	1895872	397067	1498805	
贵　州	Guizhou	1356491	240000	1101558	14933
云　南	Yunnan	3413860	25923	3380617	7321
西　藏	Tibet	526128	146355	379773	
陕　西	Shaanxi	1949416	328187	1615310	5919
甘　肃	Gansu	1589331	244196	1344635	500
青　海	Qinghai	366481	48743	317527	210
宁　夏	Ningxia	413273		412951	322
新　疆	Xinjiang	2422635	904119	1498450	20066

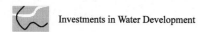

6-33 历年分构成水利建设投资完成额

Completed Investment of Water Projects by Construction Type and Year

单位：万元

unit: 10⁴ yuan

年份 Year	完成投资 合计 Total Completed Investment	建筑工程 Construction Project	安装工程 Installation	设备工器具购置 Procurement of Machinery and Equipment	其他 Others
2001	5607065	4052065	197296	227128	1130576
2002	8192153	6064058	274537	416958	1436599
2003	7434176	5670323	289401	352728	1121724
2004	7835450	5526833	276530	436531	1595556
2005	7468483	5306556	269855	398472	1493600
2006	7938444	5837364	318550	384313	1398217
2007	9448538	6725242	465282	568467	1689547
2008	10882012	7815009	674188	599969	1792847
2009	18940321	12972462	1133765	1250000	3584094
2010	23199265	15248673	1096243	1245116	5609232
2011	30860284	21032078	1216941	1152076	7459189
2012	39642358	27364953	2377877	1781362	8118166
2013	37576331	27828417	1735750	1610647	6401516
2014	40831354	30863756	1850155	2061439	6056004
2015	54522165	41508222	2287941	1987101	8738901

6-34 2015年分构成水利建设投资完成额（按地区分）

Completed Investment of Water Projects by Construction Type in 2015
(by Region)

单位：万元   unit: 10⁴ yuan

地区 Region		完成投资 合计 Total Completed Investment	建筑工程 Construction Project	安装工程 Installation	设备工器具购置 Procurement of Machinery and Equipment	其他 Others
合　计	Total	54522165	41508222	2287941	1987101	8738901
北　京	Beijing	167089	88772	3570	7518	67229
天　津	Tianjin	329999	240593	5159	20514	63732
河　北	Hebei	3639755	2482428	371075	164860	621391
山　西	Shanxi	1467048	911672	80358	133285	341733
内蒙古	Inner Mongolia	1132799	808377	60814	125639	137969
辽　宁	Liaoning	1514051	1332206	39234	40862	101749
吉　林	Jilin	909428	757610	44960	29526	77332
黑龙江	Heilongjiang	3092561	2990199	101405	784	173
上　海	Shanghai	937565	813293	639	1397	122236
江　苏	Jiangsu	2385669	1971106	85262	44167	285134
浙　江	Zhejiang	5432448	3723523	93442	52163	1563319
安　徽	Anhui	1501905	1177800	19426	51986	252693
福　建	Fujian	2297437	1861369	29603	21294	385171
江　西	Jiangxi	1509264	1075622	41471	57267	334904
山　东	Shandong	2910771	1923749	165867	180448	640707
河　南	Henan	1566448	1024314	60855	35783	445497
湖　北	Hubei	1610726	1101936	73773	70651	364365
湖　南	Hunan	1476353	1157250	101982	115665	101456
广　东	Guangdong	2478818	2202327	73219	39328	163943
广　西	Guangxi	1877842	1438756	3401	44706	390979
海　南	Hainan	467061	294974	10684	6491	154911
重　庆	Chongqing	1883644	1357310	108424	92392	325518
四　川	Sichuan	1895872	1529963	96446	108415	161049
贵　州	Guizhou	1356491	1034724	43764	50391	227612
云　南	Yunnan	3413860	3001056	148072	45380	219352
西　藏	Tibet	526128	295226	68238	40644	122020
陕　西	Shaanxi	1949416	1679592	36116	35443	198265
甘　肃	Gansu	1589331	997675	159075	154087	278493
青　海	Qinghai	366481	320595	12216	5582	28088
宁　夏	Ningxia	413273	351920	40806	6408	14138
新　疆	Xinjiang	2422635	1562283	108585	204025	547742

6-35 历年水利建设当年完成工程量

Completed Working Load by Year

单位：万立方米   unit: $10^4 m^3$

年份 Year	土方 Earth	石方 Rock	混凝土 Concrete
1957	59618	1084	125
1960	177946	15165	475
1961	19735	1809	116
1962	25287	1711	77
1963	27438	1679	104
1964	37869	2270	145
1965	64193	2881	186
1971	51085	1478	143
1972	125853	11652	370
1973	111397	13464	469
1974	115695	10671	417
1975	125712	13821	502
1976	163160	26423	712
1977	139104	15147	638
1978	139800	19600	808
1979	206100	16300	746
1980	55000	5400	506
1981	20800	2500	231
1982	19500	2100	245
1983	24300	2000	283
1984	26500	2300	268
1985	25200	2000	244
1986	24100	2000	225
1987	31000	2600	276
1988	29300	2300	298
1989	31650	2886	328
1990	33209	2712	437
1991	40143	3124	512
1992	54862	5054	583
1993	46099	5710	630
1994	41177	5127	707
1995	34955	6126	824
1996	34883	7865	807
1997	42755	5630	988
1998	101393	15023	1322
1999	104684	14022	1613
2000	129432	14456	2084
2001	92777	14716	1855
2002	139036	18178	2581
2003	94079	14677	2710
2004	132007	24057	2514
2005	138665	20718	2168
2006	201603	39847	1971
2007	140567	25099	2050
2008	170705	26686	2651
2009	198846	25333	4641
2010	226128	30505	4660
2011	282247	26001	6228
2012	343715	47404	7447
2013	359956	53854	7030
2014	308992	59370	6932
2015	376411	59603	8181

6-36　2015年水利建设当年完成工程量（按地区分）

Completed Working Load in 2015 (by Region)

单位：万立方米　　　　　　　　　　　　　　　　　　　　　　　　　　　　　　　　unit: 10^4m^3

地区	Region	当年计划 Planned of the Present Year			当年完成 Completed of the Present Year		
		土方 Earth	石方 Rock	混凝土 Concrete	土方 Earth	石方 Rock	混凝土 Concrete
合　计	Total	377838	66159	8492	376411	59603	8181
北　京	Beijing	386	3	3	932	28	4
天　津	Tianjin	2195	19	61	2436	32	60
河　北	Hebei	21167	582	188	21907	581	294
山　西	Shanxi	29571	1311	174	30278	1255	164
内蒙古	Inner Mongolia	29411	707	198	29337	700	191
辽　宁	Liaoning	20448	5652	97	14238	1211	283
吉　林	Jilin	15511	2095	110	14393	1971	100
黑龙江	Heilongjiang	9619	658	135	8843	615	125
上　海	Shanghai	12737	5351	112	11775	2810	67
江　苏	Jiangsu	24824	5981	454	24805	5851	455
浙　江	Zhejiang	10173	4569	871	11538	4577	542
安　徽	Anhui	5118	260	103	7249	218	108
福　建	Fujian	4486	1602	306	4430	1585	304
江　西	Jiangxi	10994	3468	501	11259	3093	480
山　东	Shandong	28730	987	252	30246	1063	270
河　南	Henan	11130	576	257	11296	548	278
湖　北	Hubei	8891	1100	280	9198	1139	287
湖　南	Hunan	5520	1682	349	5554	1679	309
广　东	Guangdong	12960	1766	626	14507	2020	440
广　西	Guangxi	1983	1214	106	1943	1205	103
海　南	Hainan	3055	44	49	3023	42	46
重　庆	Chongqing	6251	2858	549	6224	2924	567
四　川	Sichuan	6308	4235	481	6183	4432	440
贵　州	Guizhou	2931	2941	318	2713	2298	300
云　南	Yunnan	9343	3211	530	9470	3170	527
西　藏	Tibet	1429	349	202	1315	283	198
陕　西	Shaanxi	21427	1653	169	20597	1580	158
甘　肃	Gansu	22582	4351	344	22850	4322	393
青　海	Qinghai	5398	1842	76	5323	1824	97
宁　夏	Ningxia	9745	894	47	8969	880	42
新　疆	Xinjiang	23515	4199	544	23580	5668	550

6-37 历年水利建设累计完成工程量

Accumulated Completed Working Load of Water Projects by Year

单位：万立方米   unit: $10^4 m^3$

年份 Year	全部计划 Total Planned			累计完成 Total Completed		
	土方 Earth	石方 Rock	混凝土 Concrete	土方 Earth	石方 Rock	混凝土 Concrete
2001	711388	119858	13089	427458	61541	6685
2002	651588	86461	12960	485593	57858	7886
2003	664041	87724	12965	462941	59674	8617
2004	6422138	1320016	108489	3837466	603405	68102
2005	3211069	660008	54245	1918733	301703	34051
2006	1077148	198978	17349	672085	110836	11386
2007	1083946	222242	17523	601617	91505	10944
2008	1049975	238789	19372	645032	99363	11721
2009	1060725	117890	21656	633610	77809	13828
2010	1188888	118309	24666	647565	80824	14956
2011	980995	120239	27143	690220	77171	16845
2012	1066149	164057	29103	766303	94707	19097
2013	1018601	191797	27116	724815	108723	18140
2014	942890	159184	25891	681691	115661	16265
2015	1088102	195655	30249	847858	153399	18791

6-38 2015 年水利建设累计完成工程量（按地区分）

Accumulated Completed Working Load of Water Projects in 2015 (by Region)

单位：万立方米 unit: 10^4 m^3

地区	Region	全部计划 Total Planned			累计完成 Total Completed		
		土方 Earth	石方 Rock	混凝土 Concrete	土方 Earth	石方 Rock	混凝土 Concrete
合 计	**Total**	**1088102**	**195655**	**30249**	**847858**	**153399**	**18791**
北 京	Beijing	2330	58	12	2228	51	12
天 津	Tianjin	7359	54	77	6238	47	61
河 北	Hebei	42952	5086	667	35845	2201	509
山 西	Shanxi	74627	5845	801	66888	5066	377
内蒙古	Inner Mongolia	102904	4108	1156	90985	2889	613
辽 宁	Liaoning	40049	8960	1107	34856	8485	654
吉 林	Jilin	21303	8776	202	18948	6953	150
黑龙江	Heilongjiang	43507	1516	441	18202	1019	255
上 海	Shanghai	14943	5949	243	12946	5881	167
江 苏	Jiangsu	61552	13280	842	51472	10217	694
浙 江	Zhejiang	60664	34127	2496	41785	30032	1199
安 徽	Anhui	38715	5767	502	35332	4146	375
福 建	Fujian	25873	2429	683	22297	2054	435
江 西	Jiangxi	43138	7108	1382	31205	5613	993
山 东	Shandong	73752	2925	719	53240	2700	621
河 南	Henan	37753	2971	1466	30665	1990	1253
湖 北	Hubei	12212	1439	406	11077	1263	349
湖 南	Hunan	6750	1908	434	6412	1825	364
广 东	Guangdong	46980	6084	2768	31170	3915	1803
广 西	Guangxi	11133	3875	694	6756	1576	409
海 南	Hainan	5707	373	139	4988	301	100
重 庆	Chongqing	12185	8452	1443	10129	6347	1076
四 川	Sichuan	12882	9845	1690	10113	6433	1002
贵 州	Guizhou	7679	5191	1201	3968	3105	523
云 南	Yunnan	26272	11329	1562	19869	7675	1003
西 藏	Tibet	3460	599	212	2294	327	228
陕 西	Shaanxi	63988	3676	1010	40154	3108	411
甘 肃	Gansu	39835	6962	1207	34233	5975	841
青 海	Qinghai	8000	2725	185	7389	2129	169
宁 夏	Ningxia	11387	946	67	10113	912	57
新 疆	Xinjiang	128210	23293	4436	96059	19164	2084

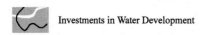
年份 Year	水库总库容 /亿立方米 Total Storage Capacity of Reservoirs /10^8m^3	耕地灌溉面积 /千公顷 Irrigated Area of Cultivated Land /10^3ha	除涝面积 /千公顷 Drained Area /10^3ha	发电装机容量 /千千瓦 Installed Capacity for Power Generation /10^3kW	排灌装机容量 /千千瓦 Installed Capacity of Irrigation and Drainage Works /10^3kW	供水能力 /万吨每日 Capacity of Water Supply /$(10^4t/d)$
1990	129.09	1109.13	862.62	1170.4	329.3	
1991	125.04	1041.4	645.19	1922.6	244.9	
1992	120.41	1215.23	836.43	2443.3	200.9	
1993	152.69	1105.52	772.57	3038.2	151.2	
1994	312.91	1171.57	963.29	5294.7	231.6	
1995	342.12	1334.1	853.54	6661.8	286	
1996	321.66	1182.93	805.55	6523.4	250	860.36
1997	348.99	1056.73	1066.81	7117.2	235.3	1811.81
1998	348.65	1364.77	1095.81	5200.6	471.1	2283.35
1999	310.27	1014.89	133.59	4620.5	215.1	965.6
2000	359.15	798.07	89.79	4090.1	271.6	3961.42
2001	113.48	572.73	173.03	2080.8	114.9	5891.73
2002	250.95	485.93	183.69	1672.3	240.1	2044.47
2003	386.26	820.14	105.09	2708.9	575.5	2478.45
2004	263.05	603.68	165.83	2388.2	64.6	2345.35
2005	317.93	543.64	157.93	2292.6	63.9	1246.36
2006	411.13	556.21	143.41	2133.15	54.87	1851.47
2007	209.42	1261.63	322.64	1532.84	79.45	1734.38
2008	162.59	1189.33	577.59	1846.3	119.66	1283.14
2009	269.8	1929.17	546.46	4267.36	305.15	2311.2
2010	196.28	1115.39	472.66	3791.69	283.66	1585.08
2011	178.8	1010.88	316.17	2068.93	2002.47	6432.39
2012	154.72	890.25	121.66	2574.7	307.71	2657.55
2013	91.23	872.13	221.86	4817.88	423.92	2071.43
2014	118.83	1044.64	315.43	3348.41	306.77	2473.63
2015	108.14	1160.5	276.06	4377.84	207.64	2283.06

建设施工规模

Water Projects by Year

改善灌溉面积 /千公顷 Improved Irrigated Area /10³ha	改善除涝面积 /千公顷 Drained Area /10³ha	新建及加固堤防 /千米 Newly-Built & Strengthened Embankment /km	水保治理面积 /千公顷 Recovered Area from Soil Erosion /10³ha	解决饮水困难人口 /万人 Population Access to Drinking Water /10⁴persons	饮水安全达标人口 /万人 Population with Safe Drinking Water /10⁴persons	节水灌溉面积 /千公顷 Water-Saving Irrigated Area /10³ha
681.85	413.85					
566.79	672.69					
678.6	680.71					
425.63	594.44					
517.28	313.48					
699.65	699.18					
1575.13	757.59					
1142.98	762.37					
1720.41	578.18					
2077.57	781.91	8478.08	1925.58	648.9		108.18
2565.22	1381.42	8437.96	1675.12	2139.88		195.79
1437.79	583.71	4695.94	1301.93	2406.42		351.48
1715.7	745.15	5667.73	2579.56	1226.59		262.53
1249.72	463.22	3653.7	1762.34	933.37		250.84
2244.32	678.08	5111.99	854.2		1562.82	488.97
1927.16	599.29	4895.22	783.51		2758.5	368.72
1849.77	1334.84	4273.42	1613.73		4088.1	254.76
2749.38	726.03	5002.74	2553.15		6715.8	343.85
3791.69	678.75	6362.94	1333.2		6574.41	411.17
4220.96	1597.8	10466.16	2641.66		5579.42	541.07
4871.41	817.81	11605.51	2041.65		7198.11	694.89
4466.52	656.19	11330.6	1616.08		6491.21	1268.6
4412.3	1212.26	12369.6	1844.20		6059.06	910.07
4339.14	742.17	10061.26	2188.80		7278.42	1156.48

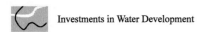

6-40　2015 年水利建设

Completed Works of Water Projects

地区	Region	水库总库容/亿立方米 Total Storage Capacity of Reservoirs /10⁸m³	耕地灌溉面积/千公顷 Irrigated Area of Cultivated Land /10³ha	除涝面积/千公顷 Drained Area /10³ha	发电装机容量/千千瓦 Installed Capacity for Power Generation /10³kW	排灌装机容量/千千瓦 Installed Capacity of Irrigation and Drainage Works /10³kW	供水能力/万吨每日 Capacity of Water Supply /(10⁴t/d)
合　计	**Total**	**108.14**	**1160.50**	**276.04**	**4377.84**	**207.64**	**2283.06**
北　京	Beijing		0.71				
天　津	Tianjin						11.60
河　北	Hebei	0.04	5.63	29.50	2.75	2.30	108.46
山　西	Shanxi	1.05	16.25	0.93	2.05	28.46	140.51
内蒙古	Inner Mongolia	6.95	45.88		98.68	1.43	85.14
辽　宁	Liaoning	6.62	39.58	7.50	20.88		13.87
吉　林	Jilin		1.35	5.40	46.60		1.29
黑龙江	Heilongjiang		161.73				
上　海	Shanghai		0.39	14.07			
江　苏	Jiangsu	1.07	67.25	58.61	3.70	48.92	205.53
浙　江	Zhejiang	0.03	0.35	6.54	3.67	8.72	25.35
安　徽	Anhui	0.01	0.02	100.84	3.36	17.55	
福　建	Fujian	0.77	8.37	4.30	9.56	0.01	40.18
江　西	Jiangxi	13.07	23.83	1.68	190.70	11.08	29.07
山　东	Shandong	6.53	10.63	4.94	6.19	2.86	210.94
河　南	Henan	0.21	217.51	2.00			10.08
湖　北	Hubei	0.56	44.10	11.87	112.45	3.10	28.79
湖　南	Hunan	0.17	33.97	1.21	65.02	4.29	6.17
广　东	Guangdong	3.73	88.03	14.15	323.00	61.07	148.79
广　西	Guangxi	3.59	22.69				
海　南	Hainan	0.85	0.06		7.20		0.05
重　庆	Chongqing	2.90	58.68	0.97	322.44	2.24	62.01
四　川	Sichuan	2.50	49.76	2.03	57.72	10.00	8.51
贵　州	Guizhou	1.91	81.68	3.40	43.35		43.63
云　南	Yunnan	7.34	79.83	4.13	205.82	1.08	85.92
西　藏	Tibet	0.22	29.93		6.69		4.61
陕　西	Shaanxi	0.25	29.78		72.64	4.54	38.32
甘　肃	Gansu	0.86	13.39		128.99		15.00
青　海	Qinghai		28.37		60.50		71.98
宁　夏	Ningxia	0.27	0.75				
新　疆	Xinjiang	46.58		1.95	2583.88		887.24

施工规模（按地区分）
in 2015 (by Region)

改善灌溉面积 /千公顷 Improved Irrigated Area /10³ha	改善除涝面积 /千公顷 Drained Area /10³ha	新建及加固堤防 /千米 Newly-built & Strengthened Embankment /km	水保治理面积 /千公顷 Recovered Area from Soil Erosion /10³ha	饮水安全达标人口 /万人 Population with Safe Drinking Water /10⁴persons	节水灌溉面积 /千公顷 Water-saving Irrigated Area /10³ha
4339.14	742.17	10061.26	2188.80	7278.42	1156.48
1.33			18.79		8.25
3.15		109.40	1.90		18.07
196.48	2.23	326.01	134.35	431.42	117.61
142.76	1.33	211.99	129.08	234.59	46.15
173.98	8.88	1108.21	173.66	94.73	118.35
107.72	39.20	217.72	87.37	197.25	49.58
44.26	0.95	109.94	16.01	98.12	4.83
95.58		335.22	0.00	214.59	9.14
12.39	4.91	15.02	0.01		0.20
503.36	244.96	444.12	29.25	36.21	45.67
27.09	42.87	486.60	85.00	19.38	5.66
63.47	94.27	141.44	23.59	632.47	16.87
22.09	1.07	181.53	50.43	212.66	11.24
68.38	2.87	494.31	20.54	257.86	1.86
302.53	45.77	337.48	138.75	437.13	72.74
215.17	29.17	265.96	32.27	662.48	13.02
242.90	76.70	168.59	147.27	255.20	36.41
100.63	2.32	249.68	57.15	650.70	22.34
176.62	68.84	1583.97	45.22	101.27	15.49
4.31		386.89	0.00	593.15	1.87
6.61		8.71	4.62	19.88	0.42
136.82	22.43	281.21	90.39	323.10	8.46
88.60	13.61	316.02	51.35	414.59	23.30
18.78	0.70	117.25	96.22	320.08	3.65
129.77	5.10	470.14	63.05	278.65	10.30
30.25		229.87	61.25		
172.80	1.76	389.88	359.50	298.54	89.96
139.61	1.09	512.11	115.96	294.48	133.32
73.78	1.29	140.67	53.50	51.79	15.60
13.13	13.10	5.63	62.41	48.11	7.19
1024.77	1.42	415.69	39.89	100.01	248.92

6-41 历年水利建

Newly-increased Benefits of Water

年份 Year	水库总库容 /亿立方米 Total Storage Capacity of Reservoirs /10^8m^3	耕地灌溉面积 /千公顷 Irrigated Area of Cultivated Land /10^3ha	除涝面积 /千公顷 Drained Area /10^3ha	发电装机容量 /千千瓦 Installed Capacity for Power Generation /10^3kW	排灌装机容量 /千千瓦 Installed Capacity of Irrigation and Drainage Works /10^3kW	供水能力 /万吨每日 Capacity of Water Supply /(10^4t/d)
1990	29.64	121.17	62.21	164.3	99.5	
1991	23.34	101.25	43.77	311.1	84.1	
1992	19.13	90.53	116.67	391	67.4	
1993	11.48	78.48	133.89	182.5	42.9	
1994	7.61	94.09	77.23	392.9	23.8	
1995	42.23	174.89	28.3	388.2	66.8	
1996	14.95	158.03	29.43	355.3	90.6	450.44
1997	11.86	94.61	89.65	719.8	28.1	145.12
1998	28.15	187.01	57.67	749	102.3	456.57
1999	46.61	198.23	42.83	885.6	19.4	82.84
2000	183.62	126.86	49.69	2139.1	21.9	529.8
2001	31.96	191.41	28.51	1317.4	34.8	2939.65
2002	29.19	156.47	171.29	543.1	89.2	281.64
2003	5.83	146.99	11.67	368.6	544	871.31
2004	12.86	252.11	71.99	725.8	20.8	530.81
2005	112.64	98.65	74.62	794.4	47.3	398.36
2006	267.39	139.45	55.46	1146.16	28.46	349.78
2007	55.71	314.09	206.89	754.18	59.78	488.23
2008	44.37	275.44	223.66	701.04	79.39	333.69
2009	50.96	550.52	286.11	912.68	89.77	740.58
2010	32.88	355.59	441.76	905.81	102.38	509.43
2011	48.54	470.26	284.13	566.3	1034.99	876.18
2012	26.81	466.63	96.97	988.6	168.06	985.68
2013	19.08	382.06	189.45	1903.28	128.31	819.56
2014	30.38	300.27	255.01	1846.76	261.45	934.66
2015	26.26	702.44	244.13	1534.06	133.94	778.88

设新增效益
Projects Construction by Year

改善灌溉面积 /千公顷 Improved Irrigated Area /10³ha	改善除涝面积 /千公顷 Drained Area /10³ha	新建及加固堤防 /千米 Newly-built & Strengthened Embankment /km	水保治理面积 /千公顷 Recovered Area from Soil Erosion /10³ha	解决饮水困难人口 /万人 Population Access to Drinking Water /10⁴persons	饮水安全达标人口 /万人 Population with Safe Drinking Water /10⁴persons	节水灌溉面积 /千公顷 Water-saving Irrigated Area /10³ha
204.49	208.73					
141.9	526.79					
341.81	226.4					
219.92	419.77					
187.43	86.12					
251.04	309.1					
330.28	161.89					
283.51	140.24					
839.09	1279.7					
956.97	163.28	4545.91	1699.45	470.38		76.49
1484.52	529.17	5772.04	1118.41	1950.07		132.73
927.62	463.75	2693.61	1011.98	1245.44		245.81
1232	494.73	2918.24	1681.3	985.68		155.79
467.11	129.29	2246.61	1717.64	700.92		178.87
889.95	284.08	2726.91	635.29		1321.43	287.75
1121.2	383.39	2370.23	517.35		2478.28	310.37
1055.83	1015.16	1968.95	1261.41		2967.62	175.6
1845.54	449.49	2385.49	2090.95		5896.54	298.76
2230.19	477.2	3651.83	1041.65		6314.49	343.42
2061.1	1339.87	6900.63	2353.3		5151.23	424.31
3062.53	531.06	8265.39	1911.46		6761.47	615.19
2731.24	363.5	7441.02	1268.57		5696.34	1151.93
2912.32	676.58	8386.36	1585.85		5580.84	728.61
3240.24	594.20	5824.10	2011.16		6708.63	1025.23

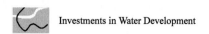
地区	Region	水库总库容 /亿立方米 Total Storage Capacity of Reservoirs /10⁸m³	耕地灌溉面积 /千公顷 Irrigated Area of Cultivated Land /10³ha	除涝面积 /千公顷 Drained Area /10³ha	发电装机容量 /千千瓦 Installed Capacity for Power Generation /10³kW	排灌装机容量 /千千瓦 Installed Capacity of Irrigation and Drainage Works /10³kW	供水能力 /万吨每日 Capacity of Water Supply /(10⁴t/d)
合　计	**Total**	**26.26**	**702.44**	**244.13**	**1534.06**	**133.94**	**778.88**
北　京	Beijing		0.71				
天　津	Tianjin						11.60
河　北	Hebei	0.04	4.62	29.50	2.75	2.30	13.45
山　西	Shanxi	0.69	11.80		1.73	1.51	2.37
内蒙古	Inner Mongolia	0.12	8.35		3.78	0.26	21.25
辽　宁	Liaoning	0.01	37.67	7.50	20.88		10.40
吉　林	Jilin		1.35	5.40	46.60		1.07
黑龙江	Heilongjiang						
上　海	Shanghai			2.49			
江　苏	Jiangsu	1.06	51.54	57.18	3.70	47.98	205.49
浙　江	Zhejiang	0.03	0.03	6.54	3.67	8.72	22.68
安　徽	Anhui		0.02	95.84	3.36	3.91	
福　建	Fujian	0.71	4.58	2.97	8.76		26.05
江　西	Jiangxi	1.20	20.26	1.64	75.91	9.13	12.92
山　东	Shandong	6.33	10.63	4.90	6.19	2.86	210.94
河　南	Henan	0.21	217.51	2.00			10.08
湖　北	Hubei	0.39	40.67	11.87	110.55	3.10	25.59
湖　南	Hunan	0.10	33.81	1.21	62.72	4.29	4.17
广　东	Guangdong		0.18	2.58	54.43	33.46	26.36
广　西	Guangxi		14.93				
海　南	Hainan						
重　庆	Chongqing	1.28	26.48	0.97	156.53	0.81	36.15
四　川	Sichuan	0.51	32.38	2.03	53.99	10.00	8.51
贵　州	Guizhou	0.91	69.83	3.40	39.95		18.44
云　南	Yunnan	1.99	38.92	4.13	160.92	1.08	37.55
西　藏	Tibet		25.63		6.19		4.61
陕　西	Shaanxi	0.21	28.04		67.84	4.54	37.20
甘　肃	Gansu	0.60	13.39		122.54		15.00
青　海	Qinghai		8.37		52.00		1.98
宁　夏	Ningxia	0.10	0.75				
新　疆	Xinjiang	9.76		1.95	469.08		15.02

新增效益（按地区分）

Projects Construction in 2015 (by Region)

改善灌溉面积 /千公顷 Improved Irrigated Area /10³ha	改善除涝面积 /千公顷 Drained Area /10³ha	新建及加固堤防 /千米 Newly-built & Strengthened Embankment /km	水保治理面积 /千公顷 Recovered Area from Soil Erosion /10³ha	饮水安全达标人口 /万人 Population with Safe Drinking Water /10⁴persons	节水灌溉面积 /千公顷 Water-saving Irrigated Area /10³ha
3240.24	594.20	5824.10	2011.16	6708.63	1025.23
1.33			18.79		8.21
3.15		81.40	1.90		18.07
167.46	0.87	142.55	131.79	427.00	100.89
91.10	1.33	78.82	126.01	55.51	33.88
130.79	3.63	493.58	111.32	94.73	79.18
102.30	17.77	126.53	79.53	162.42	45.89
40.32	0.95	61.89	15.91	98.12	
		12.32		214.59	
11.52	4.23	13.57			0.13
497.34	240.70	425.01	19.45	36.21	45.31
24.93	4.00	448.71	84.20	12.72	4.51
60.15	74.43	63.00	21.99	597.23	14.47
20.49		140.29	50.43	212.66	10.47
40.60	1.14	321.88	15.88	256.93	1.34
289.41	44.88	235.14	136.20	437.13	69.85
179.61	29.17	261.78	29.58	662.48	8.21
191.43	75.90	147.26	146.93	233.96	36.41
95.11	2.06	192.54	53.47	566.74	22.31
48.17	33.51	265.66	9.14		6.40
4.31		93.59		589.31	
1.68		2.71	4.62	19.58	
122.38	22.43	204.58	77.84	276.94	3.43
88.15	13.61	205.77	51.29	402.45	22.72
16.09	0.70	107.60	83.15	304.76	3.62
108.52	4.62	271.21	59.72	264.93	10.20
26.27		218.91	53.58		
150.02	1.76	331.49	357.17	296.39	84.73
132.94	1.09	476.80	115.96	294.47	128.21
51.37	1.29	96.15	53.34	47.90	12.87
9.13	13.10	5.63	62.09	48.11	7.09
534.22	1.02	297.75	39.89	95.36	246.83

主要统计指标解释

水利建设投资 指水利系统固定资产投资。主要包括水利系统基本建设投资、部分更新改造投资等，防洪岁修、小农水等财政投资未包括在内。

建设项目 指按照以总体设计进行施工，由一个或若干个具有内在联系的工程组成的总体。基本建设项目指经批准在一个总体设计或初步设计范围内进行建设，经济上实行统一核算，行政上有独立的组织形式，实行统一管理的基本建设单位。

基本建设项目按规模分为大中型项目和小型项目，水利上基本建设项目大中型项目划分标准是：①水库，库容 1 亿立方米以上（包括 1 亿立方米，下同）；②灌溉面积，灌溉面积 50 万亩以上；③水电工程，发电装机 5 万千瓦以上；④其他水利工程，除国家指定外均不作为大中型项目。

建设阶段 指建设项目报告期所处的建设阶段，可分为以下几个阶段。

（1）筹建项目：指正在进行前期工作尚未正式施工的项目。

（2）施工项目：指报告期内进行过建筑或安装施工活动的项目。

（3）本年正式施工项目：指本年正式进行过建筑或安装活动的建设项目。

（4）本年新开工项目：指报告期内新开工的建设项目。

（5）本年续建项目：指本年以前已经正式开工，跨入本年继续进行建筑安装和购置活动的建设项目。

（6）建成投产项目：指报告期内按设计文件规定建成主体工程和相应配套的辅助设施，形成生产能力或工程效益，经过验收合格，并且已正式投入生产或交付使用的建设项目。

（7）本年收尾项目：指以前年度已经全部建成投入生产或交付使用，但尚有少量不影响正常生产和使用的辅助工程或生产性工程在报告期继续施工的项目。

（8）停缓建项目：指根据国民经济宏观调控及其他原因，经有关部门批准停止建设或近期内不再建设的项目。停缓建项目分为全部停缓建项目和部分停缓建项目。

1）全部停缓建项目是指经有关部门批准不再建设或短期内整个项目停止建设的项目。

2）部分停缓建项目是指建设项目仍在施工，但其中的部分单项工程经有关部门批准停止或近期内不再建设并已停止施工的项目。报告期部分停缓建项目仍应作为施工项目统计。

（9）全部竣工项目：指整个建设项目按设计文件规定的主体工程和辅助、附属工程全部建成，并已正式验收移交生产或使用部门的项目。

建设性质 基本建设项目的建设性质根据整个建设项目的情况确定，分为以下几种。

（1）新建：一般是指从无到有、"平地起家"开始建设的企业、事业和行政单位或独立的工程。现有企业、事业、行政单位一般不属于新建。但如有的单位原有基础很小，经过建设后新增的资产价值超过该企业、事业、行政单位原有固定资产价值（原值）3 倍以上的也应作为新建。

（2）扩建：指在厂内或其他地点，为扩大原有产品的生产能力（或效益）或增加新的产品生产能力，而增建主要的生产车间（或主要工程）、分厂、独立的生产线的企业、事业单位。行政、事业单位在原单位增建业务用房（如学校增建教学用房、医院增建门诊部、病房等）也作为扩建。

现有企业、事业单位为扩大原有主要产品生产能力或增加新的产品生产能力，增建一个或几个主要生产车间（或主要工程）、分厂，同时进行一些更新改造工程的，也应作为扩建。

（3）改建：指对原有设施进行技术改造或更新（包括相应配套的辅助性生产、生活福利设施），没有增建主要生产车间、分厂等的企业、事业单位。

（4）单纯建造生活设施：指在不扩建、改建生产性工程和业务用房的情况下，单纯建造职工住宅、托儿所、子弟学校、医务室、浴室、食堂等生活福利设施的企业、事业及行政单位。

（5）迁建：指为改变生产力布局或由于城市环境保护和安全生产的需要等原因而搬迁到另地建设的企业、事业单位。

（6）恢复：指因自然灾害、战争等原因，使原有的固定资产全部或部分报废，以后又投资恢复建设的单位。

（7）单纯购置：指现有企业、事业、行政单位单纯购置不需要安装的设备、工具、器具，而不进行工程建设的单位。

隶属关系 基本建设项目按建设单位直属或主管上级机关确定。

隶属关系分为中央、省（自治区、直辖市）、地区（州、盟、省辖市）、县（旗、县级市、市辖区）和其他五大类。

（1）中央：指中共中央、人大常委会和国务院各部、委、局、总公司以及直属机构直接领导和管理的基本建设项目和企业、事业、行政单位。这些单位的固定资产投资计划由国务院各部门直接编制和下达，建设中所需要的统配物资和主要设备以及建设中的问题都由中央有关部门安排和解决。

（2）省（自治区、直辖市）：由省（自治区、直辖市）政府及业务主管部门直接领导和管理的基本建设项目和企业、事业、行政单位。

（3）地区（州、盟、省辖市）：由地区、自治州、盟、省辖市直接领导和管理的基本建设项目和企业、事业、

行政单位。

（4）县（旗、县级市、市辖区）：由县、自治旗、县级市、市辖区直接领导和管理的基本建设项目和企业、事业、行政单位。

（5）其他：不隶属以上各级政府及主管部门的建设项目和企业、事业单位，如外商投资企业和无主管部门的企业等。

Explanatory Notes of Main Statistical Indicators

Investment for water project construction Investment of fixed assets in the water sector, which mainly refers to the investment of basic water infrastructures and some rehabilitation projects, but excluding annual maintenance of flood control works and financial allocation to small irrigation, drainage and rural water supply schemes.

Construction project A project, enclosing one or more interdependent components, is implemented in accordance with overall design. Capital construction project refers to the approved scheme constructed according to overall design or within the scope of preliminary design, which is under one accounting system and unified management, and has an independent organization.

Capital construction project can be divided into large or medium project and small project according to its scale. The criteria of identifying large and medium water projects are:① reservoir, installed capacity is over 100 million m^3 (including 100 million m^3, hereinafter the same); ② irrigated area, irrigated area is over 500 thousand mu; ③ hydropower project, installed capacity is over 50,000kW; ④ other water projects, specially designated by the state.

Construction phrase It refers to stages of project construction during the period of report. The projects are divided as following in accordance with construction phases:

(1) Preparation: the project that is conducting preparatory work and has not formally been constructed.

(2) Construction project: the project that is under construction or installation during the report period.

(3) Construction project of the year: the project that has formally started construction or installation in the statistical year.

(4) Newly started project of the year: the construction project that is newly initiated in the statistical year.

(5) Continued project of the year: the project that has formally started and continued construction, installation and purchase activities in the statistical year.

(6) Completed investment project: key parts of the project and supporting facilities have passed check and acceptance and been formally put into operation or use in the statistical period.

(7) Nearly-completed project of the year: the project has completed construction and placed into operation, but several supporting facilities that do not affect the normal production and utilization continue to be constructed in the statistical period.

(8) Stopped or postponed project: the project is being asked to stop or postpone due to national macroeconomic regulation and control or other reasons with the approval of relevant department. The stopped or postponed projects can be divided into completely stopped or postponed project and partially stopped or postponed project.

1) Complete stopped or postponed project refers to the project that no longer constructed or will not be constructed in a short period of time, according to the approved of the relevant department.

2) Partial stopped or postponed project refers to the project that still under construction, but part of the project is no longer constructed or will not be constructed in a short period of time, according to the approval of the relevant department. Stopped or postponed project should be included in the statistical data as construction project.

(9) Fully-completed project: the project that has completed the key parts and supporting facilities of the project according to the design, and has passed check and acceptance and transferred to production or user for operation.

Construction type The types of infrastructures are identified and divided based on features of the constructed project:

(1) Newly-constructed project: It refers to the project being constructed by a newly-established enterprise, non-governmental agency, governmental agency or independent organ. The project managed by the currently existed enterprise, non-governmental agency or governmental agency does not belong to newly-constructed. However, if the original scope of unit is rather small and the newly-added assets exceeds three times of the original assets of the enterprise, non-governmental agency and governmental agency after construction, it is also regarded as new-constructed project.

(2) Expanded construction: It refers to the project of enterprise or non-governmental agency that has newly-established workshop (or key project), branch or independent production line within the plant or other places, in order to expand the existing production capacity (or benefit) or production capacity of new product. The construction of office building of non-governmental agency or governmental agency (for example newly-constructed teaching building of college, university or school, newly-built clinics and wards of hospitals) is also regarded as expanded construction.

The project of an enterprise or non-governmental agency with one or more newly-constructed key workshops (or key project) or branches, in order to increase the original production capacity or add production capacity of new product, together with rehabilitation project are also listed as expanded construction.

(3) Rehabilitation project: It refers to the project of an enterprise or non-governmental agency conducting technical rehabilitation or re-modernization (including production support facilities or living and welfare facilities), but without expansion of main workshop or branch.

(4) Construction of living facilities: It refers to the project of an enterprise, non-governmental agency or governmental agency, including living and welfare

facilities only, such as apartment building of employee, kindergarten, school for children of employee, clinic, bathroom, and canteen without expansion or rehabilitation of existed production or office buildings.

(5) Relocated construction: It refers to the relocation of enterprise or non-governmental agency to other places due to the change of production pattern, requirement of urban environment protection or safe production.

(6) Recovery construction: It refers to the project of an organzation to make investment on recovery construction because of natural disaster or war that completely or partially destroys its fixed assets.

(7) Procurement only: It refers to the project of an enterprise, non-governmental agency or governmental agency to purchases equipment, tool or instrument only, without installation or construction.

Administrative subordination of Project Capital construction project is divided into groups according to the administrative region of the organization in charge of the project.

Five categories are formed on the basis of administrative regions of the project: Central Government, province (autonomous region, municipality directly under the central government), prefecture (autonomous district, municipality directly under the provincial government), county (autonomous county, county-level municipality) and others.

(1) Central Government project: It refers to capital construction project, enterprise, non-governmental agency or governmental agency directly under administration or management of the Central Committee of Chinese Communist Party, Standing Committee of Chinese People's Congress, or ministries, commissions, bureaus under the State Council and parent companies. The investment plan of fixed assets of these entities are directly worked out and transmitted by the relevant departments under the State Council; allocated materials or equipment for construction are arranged by the relevant Central Government departments.

(2) Province (autonomous region, municipality directly under the central government) project: It refers to capital construction project, enterprise, non-governmental agency or governmental agency directly under administration and management of provincial governments (autonomous region, municipality directly under the central government) or competent department directly in charge.

(3) Prefecture (autonomous district, municipality directly under the provincial government) project: It refers to capital construction project, enterprise, non-governmental agency or governmental agency directly under administration and management of government of prefecture, autonomous district or municipality directly under the provincial government.

(4) County (autonomous county, county-level municipality) project: It refers to capital construction project, enterprise, non-governmental agency or governmental angecy directly under administration and management of government of county, autonomous county or county-level city.

(5) Others: It refers to capital construction project, enterprise, non-governmental agency or governmental agency outside the scope of administration and management of government agencies mentioned above, such as foreign investment enterprise or enterprise without supervised agency.

7 农村水电

Rural Hydropower Development

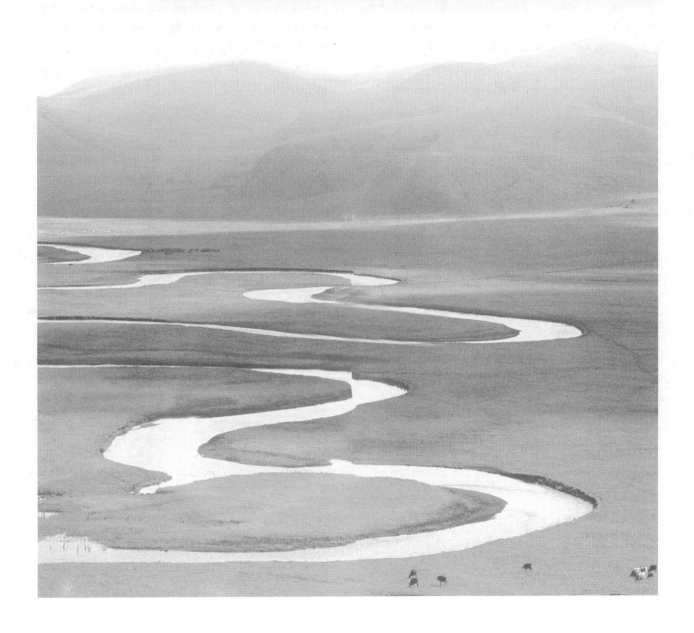

简 要 说 明

农村水电统计资料主要包括小水电站和设备建设情况、水力发电设备容量和发电容量、农村水电电网、输变配电设备情况等。主要按地区分组汇总。

自2008年起农村水电电站由以往水利系统水电变更为装机5万千瓦及5万千瓦以下水电。

2008年以前水利系统水电统计包括水利系统综合利用枢纽电站数据等。

Brief Introduction

Statistical data of rural hydropower development mainly includes construction of small hydropower stations and utilities, installed capacity and output of hydropower generating units, electricity network of rural hydropower, electricity transmission and distribution facilities, etc. The data is divided into groups according to the region.

The data of rural hydropower development is collected on the basis of installed capacity of hydropower at 50,000 kW and below 50,000 kW since 2008.

The data collected before 2008 includes multi-purpose dam projects.

7-1 历年农村水电装机容量及年发电量

Installed Capacity and Power Generation of Rural Hydropower, by Year

年份 Year	农村水电装机容量 /千瓦 Installed Capacity of Rural Hydropower /kW	农村水电年发电量 /万千瓦时 Annual Electricity Generation of Rural Hydropower /10⁴ kWh	农村水电新增装机容量 /千瓦 Newly-increased Installed Capacity /kW
2002	28489286	9472446	1883648
2003	30832992	9791633	2618834
2004	34661348	9779541	3591322
2005	38534445	12090340	4127272
2006	43183551	13612942	5459520
2007	47388997	14370080	4593193
2008	51274371	16275901	4194106
2009	55121211	15672470	3807072
2010	59240191	20444258	3793551
2011	62123430	17566867	3277465
2012	65686071	21729246	3399616
2013	71186268	22327711	2460601
2014	73221047	22814929	2553873
2015	75829591	23512813	2412664

注　2013年农村水电统计数据与全国第一次水利普查数据进行了校核。

Note　Statistical data of rural hydropower is checked in accordance with the First National Census on Water.

7-2 2015 年农村水电装机容量及年发电量（按地区分）

Installed Capacity and Power Generation of Rural Hydropower in 2015 (by Region)

地区	Region	农村水电年末装机容量/千瓦 Installed Capacity of Rural Hydropower /kW	农村水电年发电量/万千瓦时 Annual Electricity Generation of Rural Hydropower /10⁴ kWh	农村水电新增装机容量/千瓦 Newly-increased Installed Capacity /kW
合 计	**Total**	75829591	23512813	2412664
北 京	Beijing	42920	2046	
天 津	Tianjin	5800	1556	
河 北	Hebei	395658	42078	7930
山 西	Shanxi	193911	32425	3390
内 蒙 古	Inner Mongolia	95145	16853	
辽 宁	Liaoning	442554	55440	7311
吉 林	Jilin	581285	131114	9005
黑 龙 江	Heilongjiang	348555	74281	51000
江 苏	Jiangsu	39631	5784	3785
浙 江	Zhejiang	3959191	1156688	37745
安 徽	Anhui	1107925	276334	31900
福 建	Fujian	7381901	2503915	61350
江 西	Jiangxi	3255002	926272	138044
山 东	Shandong	89014	616	
河 南	Henan	492742	89186	1755
湖 北	Hubei	3600722	865115	178815
湖 南	Hunan	6108835	1988720	229533
广 东	Guangdong	7400257	1883727	151906
广 西	Guangxi	4412031	1437663	120870
海 南	Hainan	416945	92613	5285
重 庆	Chongqing	2435364	681142	179580
四 川	Sichuan	11103042	3972823	253764
贵 州	Guizhou	3286201	1074656	124229
云 南	Yunnan	11418315	3784567	355150
西 藏	Tibet	318109	85976	4690
陕 西	Shaanxi	1385629	396987	77892
甘 肃	Gansu	2487836	859026	115675
青 海	Qinghai	1032565	395224	74700
宁 夏	Ningxia	5440	460	
新 疆	Xinjiang	1463781	505128	142410
新疆生产建设兵团	Xinjiang Production and Construction Corps	402385	123998	38950
部 直 属	Organization Directly under the Ministry	120900	50401	6000

7-3　历年年末输变配电设备

Installed Power Transmission and Distribution Equipment at the End of the Year, by Year

年份 Year	变电所总容量 /千伏安 Total Storage Capacity of Switchyard /kVA	变压器总容量 /千伏安 Total Storage Capacity of Transformer /kVA	高压线路 /千米 High-pressure Transmission Line /km	低压线路 /千米 Low-pressure Transmission Line /km
2003	54580398	61844457	1082549	2334065
2004	63583050	67770640	1110746	2470468
2005	70161609	71325744	1119668	2490911
2006	30403474	29645661	476642	965547
2007	41942477	39162242	609663	1321037
2008	42121613	37266114	563907	1260067
2009	42465559	34629678	515040	1116782
2010	48378124	37083012	540715	1152621
2011	52798271	37431610	534737	1108602
2012	49104574	36155250	510633	1155394
2013	54242934	40383121.5	531871	1202218
2014	49372795	41496064	491765	1124543
2015	49818716	43016152	485786	1110845

7-4 2015年年末输变配电设备（按地区分）

Installed Power Transmission and Distribution Equipment at the End of 2015 (by Region)

地区	Region	变电所总容量 /千伏安 Total Storage Capacity of Switchyard /kVA	变压器总容量 /千伏安 Total Storage Capacity of Transformer /kVA	高压线路 /千米 High-pressure Transmission Line /km	低压线路 /千米 Low-pressure Transmission Line /km
合 计	**Total**	**49818716**	**43016152**	**485786**	**1110845**
北 京	Beijing		19175	66	34
天 津	Tianjin				
河 北	Hebei				
山 西	Shanxi	193680	140095	2437	2214
内 蒙 古	Inner Mongolia	72450	5845	169	50
辽 宁	Liaoning				
吉 林	Jilin	958310	998237	6691	4476
黑 龙 江	Heilongjiang				
江 苏	Jiangsu	6750	9770	12	
浙 江	Zhejiang	400000	1119310	658	1232
安 徽	Anhui	362635	367077	6433	15136
福 建	Fujian				
江 西	Jiangxi				
山 东	Shandong		660	2	
河 南	Henan	117850	189175	6114	11660
湖 北	Hubei				
湖 南	Hunan	3192680	2152643	30667	63899
广 东	Guangdong	1004890	149013	3573	12333
广 西	Guangxi	11323230	13144310	115929	151210
海 南	Hainan	137100	70410	975	103
重 庆	Chongqing				
四 川	Sichuan	18313470	14345196	186292	724565
贵 州	Guizhou	643650	498398	7984	15219
云 南	Yunnan	2624900	2127640	15398	29941
西 藏	Tibet	102885	272511	19385	7667
陕 西	Shaanxi	1262862	639565	8924	12345
甘 肃	Gansu	3887849	3159974	48072	45793
青 海	Qinghai	8000	27675	529	242
宁 夏	Ningxia				
新 疆	Xinjiang				
新疆生产建设兵团	Xinjiang Production and Construction Corps	5136225	3503185	25373	12648
部 直 属	Organization Directly under the Ministry	69300	76288	103	78

7-5 历年新增输变配电设备

Newly-increased Power Transmission and Distribution Equipment, by Year

年份 Year	变电所总容量 /千伏安 Total Storage Capacity of Switchyard /kVA	变压器总容量 /千伏安 Total Storage Capacity of Transformer /kVA	高压线路 /千米 High-pressure Transmission Line /km	低压线路 /千米 Low-pressure Transmission Line /km
2003	6623092	5821911	80241	178433
2004	9819672	7682270	57380	312806
2005	8327685	6294266	43492	58650
2006	3875365	4193753	19872	77041
2007	5227365	3199561	23204	69539
2008	6051940	2195958	21749	116773
2009	5842525	2717898	26318	44557
2010	5913300	2984107	34020	81892
2011	7798387	3492278	33210	28179
2012	4034821	2572882	15556	34248
2013	6010195	4426062	24902	42523
2014	4460596	5379577	27707	37693
2015	4717816	4549311	16604	30058

7-6 2015年新增输变配电设备（按地区分）

Newly-increased Power Transmission and Distribution Equipment in 2015 (by Region)

地区 Region		变电所总容量 /千伏安 Total Storage Capacity of Switchyard /kVA	变压器总容量 /千伏安 Total Storage Capacity of Transformer /kVA	高压线路 /千米 High-pressure Transmission Line /km	低压线路 /千米 Low-pressure Transmission Line /km
合　计	Total	**4717816**	**4549311**	**16604**	**30058**
北　京	Beijing				
天　津	Tianjin				
河　北	Hebei				
山　西	Shanxi		1270	10	245
内　蒙　古	Inner Mongolia				
辽　宁	Liaoning				
吉　林	Jilin	19580	100668	155	74
黑　龙　江	Heilongjiang				
江　苏	Jiangsu				
浙　江	Zhejiang		103435	39	16
安　徽	Anhui	11850	31749	45	96
福　建	Fujian				
江　西	Jiangxi				
山　东	Shandong				
河　南	Henan				
湖　北	Hubei				
湖　南	Hunan	135950	21685	1739	3025
广　东	Guangdong				
广　西	Guangxi	1251135	1154334	3429	3800
海　南	Hainan	36400		139	
重　庆	Chongqing				
四　川	Sichuan	2833590	2411149	7465	9501
贵　州	Guizhou		1000	30	120
云　南	Yunnan	96000	448465	632	11862
西　藏	Tibet	23765	42060	2130	1026
陕　西	Shaanxi	111906	91059	57	222
甘　肃	Gansu	89140	29035	288	51
青　海	Qinghai				
宁　夏	Ningxia				
新　疆	Xinjiang				
新疆生产 建设兵团	Xinjiang Production and Construction Corps	108500	107872	447	21
部　直　属	Organization Directly under the Ministry		5530		

7-7　历年农村水电电网供电情况

Electricity Supply of Rural Power Network, by Year

年　份 Year	网内发电设备容量 /千瓦 Storage Capacity of Generation Equipment /kW	网内发电量 /万千瓦时 Power Generation /10⁴kWh	厂用电量 /万千瓦时 Electricity Used by Power Plant /10⁴kWh	售电量 /万千瓦时 Electricity Sale /10⁴kWh	购入网外电量 /万千瓦时 Off-grid Procurement of Electricity /10⁴kWh	输出网外电量 /万千瓦时 Sale of Electricity to other Grids /10⁴kWh
2003	19665229	7018970	170814	10725979	5150140	1980698
2004	21427078	7318308	197545	12011519	6011657	2023133
2005	19179004	6988869	151286	10662175	4865026	2024130
2006	14510485	5235694	104777	8152497	3776703	1707433
2007	16851722	5917131	105143	9334458	4323730	2122614
2008	9482546	5898658	109533	9437153	3735951	1321324
2009	8038590	3905598	99262	7392290	3941988	898184
2010	8324694	4873957	73797	8795146	179935	998791
2011	15947576	5164218	80822	9351381	5012174	1223749
2012	10372392	6184473	108900	11186815	5840687	1705095
2013	18582052	6332882	102442	12097288	6716591	2173555
2014	9988310	5348414	57717	10562712	5272015	2536073
2015	9408566	5585158	56156	9844554	4934788	1441345

7-8　2015 年各地区农村水电电网供电情况

Electricity Supply of Rural Power Network in 2015, by Region

地区 Region		网内发电设备容量/千瓦 Storage Capacity of Generation Equipment /kW	网内发电量/万千瓦时 Power Generation /10⁴kWh	厂用电量/万千瓦时 Electricity Used by Power Plant /10⁴kWh	售电量/万千瓦时 Electricity Sale /10⁴kWh	购入网外电量/万千瓦时 Off-grid Procurement of Electricity /10⁴kWh	输出网外电量/万千瓦时 Sale of Electricity to other Grids /10⁴kWh
合　计	**Total**	**9408566**	**5585158**	**56156**	**9844554**	**4934788**	**1441345**
北　京	Beijing						
天　津	Tianjin						
河　北	Hebei						
山　西	Shanxi	88560	21750	432	26952	7086	11239
内 蒙 古	Inner Mongolia						
辽　宁	Liaoning						
吉　林	Jilin	146710	73110	561	127446	58714	13964
黑 龙 江	Heilongjiang						
江　苏	Jiangsu						
浙　江	Zhejiang	3695	1966	19	164723	173728	
安　徽	Anhui	145454	35822	637	36559	5267	
福　建	Fujian						
江　西	Jiangxi	14000	1649		1649		10000
山　东	Shandong						
河　南	Henan						
湖　北	Hubei						
湖　南	Hunan	591975	389032	5510	783626	446963	159254
广　东	Guangdong	24000	550	3	547		
广　西	Guangxi	2133397	736099	2053	1669552	1045825	189364
海　南	Hainan	320	549	19	530		
重　庆	Chongqing						
四　川	Sichuan	3791326	3176536	32467	5217084	2435643	626682
贵　州	Guizhou	40880	81065	803	165932	99174	42320
云　南	Yunnan	786080	348230	1835	658827	341761	
西　藏	Tibet	153629	37428	1452	33014		7628
陕　西	Shaanxi	93070	256951	3638	402578	162338	
甘　肃	Gansu	950	385146	5675	376118		374646
青　海	Qinghai	15090	3896	52	3457		
宁　夏	Ningxia						
新　疆	Xinjiang						
新疆生产建设兵团	Xinjiang Production and Construction Corps	211700	35380	1002	175962	158288	6249
部 直 属	Organization Directly under the Ministry	1167730					

7-9　历年有农村水电的县通电情况

Counties with Electricity Generated by Hydropower, by Year

年份 Year	乡（镇）Township (Town)		居民 Residents		
	行政区划数 /个 Administrative Regions /unit	农村水电网联网乡（镇） /个 Townships Connected with Rural Electrification Network/unit	总户数 /户 Total Household /household	户通电率 /% Percentage of Household Access to Electricity /%	无电人口 /人 Population without Electricity /person
2003	26704	10141	182856700	98.44	8171995
2004	25886	10269	187390297	98.85	6572018
2005	25201	8488	188151249	99.14	5356596
2006	24343		194455879	99.3	
2007	23936		198154188	99.48	
2008	24269	5793	207980548	99.6	3080048
2009	24071	5048	211655947	99.69	2280140
2010	24039	4625	213874537	99.75	1947594
2011	24290	4962	214692370	99.74	2114089
2012	24259	5238	216934295	99.83	1555275
2013	24297	5245	222024353	99.89	1089860
2014	24304	4912	222818690	99.90	961006
2015	24192	4788	229489919	100	

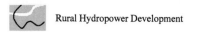
7-10 2015年有农村水电的县通电情况（按地区分）

Counties with Electricity Generated by Hydropower in 2015
(by Region)

地区 Region	乡（镇）Township（Town）		居 民 Residents	
	行政区划数 /个 Administrative Regions /unit	农村水电网联网乡/镇 /个 Townships Connected with Rural Electrification Network /unit	总户数 /户 Total Household /household	户通电率 /% Percentage of Electricity Access /%
合 计 Total	24192	4788	229489919	99.92
北 京 Beijing	107		1319000	100.00
天 津 Tianjin				
河 北 Hebei	691		6066257	100.00
山 西 Shanxi	401	25	3010898	99.99
内 蒙 古 Inner Mongolia	104		965125	100.00
辽 宁 Liaoning	456		3668346	100.00
吉 林 Jilin	287	60	4095905	100.00
黑 龙 江 Heilongjiang	368		3235555	100.00
江 苏 Jiangsu	191	15	2474999	100.00
浙 江 Zhejiang	973	45	12125032	100.00
安 徽 Anhui	485	66	4679883	100.00
福 建 Fujian	888	15	7697353	100.00
江 西 Jiangxi	1438		12682952	100.00
山 东 Shandong	537		10306767	100.00
河 南 Henan	904		11367549	100.00
湖 北 Hubei	787		11819894	99.99
湖 南 Hunan	1929	567	16767360	99.99
广 东 Guangdong	1167	133	16361526	99.99
广 西 Guangxi	1099	471	13219745	99.99
海 南 Hainan	205	13	2227191	99.99
重 庆 Chongqing	935		12039081	100.00
四 川 Sichuan	4234	2668	30347738	99.76
贵 州 Guizhou	1318	31	11408510	100.00
云 南 Yunnan	1359	72	13484903	99.51
西 藏 Tibet	579	283	684515	97.60
陕 西 Shaanxi	825	167	6128872	99.97
甘 肃 Gansu	850	94	4009724	99.97
青 海 Qinghai	313	19	1544081	99.06
宁 夏 Ningxia	5		92304	100.00
新 疆 Xinjiang	743	30	5018196	99.80
新疆生产建设兵团 Xinjiang Production and Construction Corps	14	14	640658	100.00

主要统计指标解释

农村水电 以小水电站为主体，直接为农村经济社会发展服务的水电站及供电网络。

发电量 电厂（发电机组）在报告期内生产的电能量。

售电量 电力企业出售给用户或其他电力企业的用于消费或生产的电量。

Explanatory Notes of Main Statistical Indicators

Rural hydropower It refers to hydropower stations and power supply networks that directly serve for social and economic development in rural areas, and most of which are small hydropower stations.

Power generation Electricity produced by power plants (electricity generating units) in the report period.

Electricity sale The quantity of electricity sold by electricity enterprises to the users or other electricity enterprises for consumption.

8 水文站网

Hydrological Network

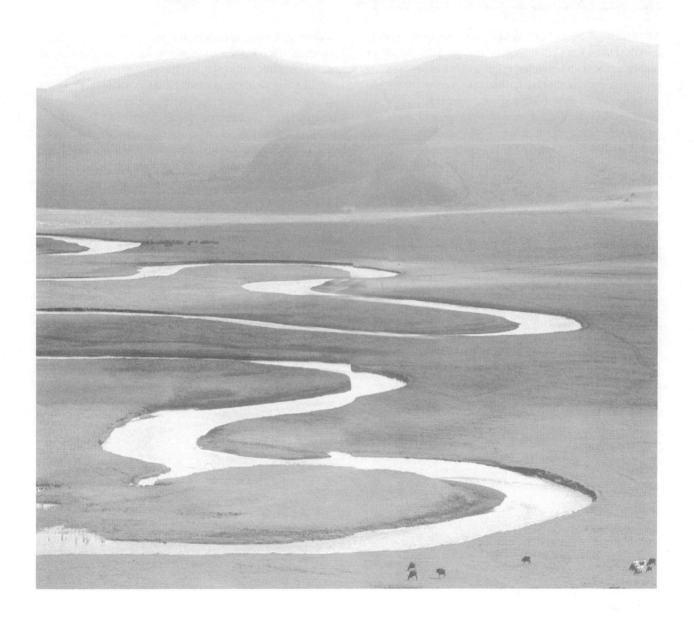

简 要 说 明

水文站网统计资料主要包括水文站、水位站、雨量站、水质站、地下水监测站等水文测站的数量及其按测站类别、观测项目、测验方法分类的数据，以及从业人员和经费等。

本部分资料按流域所属机构和地区分组。历史资料汇总 1949 年至今数据。

1. "水文测站"资料包括水文站、水位站、雨量站、水质站、地下水监测站、实验站、拍报水情站、发布预报站和固定洪调点资料等。

2. "观测项目"包括流量、水位、水质、泥沙、水温、冰情、比降、地下水、蒸发、降水、水文调查等。

3. "测验方法"包括常年驻测、汛期驻测、全年巡测、委托观测、站队结合等。

Brief Introduction

Statistical data of hydrological network mainly includes stations of hydrology, gauging, precipitation, water quality, groundwater monitoring etc, and is sorted according to the types of monitoring stations, observation items and methods, as well as working staff and expenses.

The data is divided into several groups based on organization and region where river basin is located. Historical data is collected from 1949 to present.

1. The data of hydrological observation stations includes information on hydrological station, gauging station, precipitation station, water quality station, groundwater monitoring station, experiment station, perennial hydrologic reporting station, forecast report station, and fixed flood regulation point, etc.

2. Observation items include flow, water level, water quality, sediment, water temperature, ice condition, gradient, groundwater, evaporation, precipitation and hydrologic investigation and so on.

3. Measuring methods include perennial stationary gauging, stationary gauging in flood season, full-year tour gauging, contracting gauging, stations and mobile teams gauging.

8-1 历年水文站网、职工人数和经费

Hydrological Network, Employees and Expenses, by Year

年份 Year	水文站网（处）Hydrological Network/unit						报汛站 /处 Hydrometric Station /unit	职工人数 /人 Number of Employee /person	经费/万元 Expenses/10^4 yuan	
	水文站 Hydrological Station	水位站 Gauging Station	雨量站 Precipitation Station	地下水监测站 Ground-water Monitoring Station	水质站 Water Quality Station	实验站 Experiment Station			事业费 Operating Expenses	基建费 Cost of Construction
1950	419	425	234			1	386	1892	68.9	
1951	796	701	1145			8	685	4208	388.7	
1952	933	831	1554			3	875	5811	550.7	
1953	1059	1006	1754			8	1173	7292	813.8	
1954	1229	1132	1973			9	1652	8589	1134.5	
1955	1396	1205	2337			11	1962	10312	1581.1	
1956	1769	1449	3371			24	2251	13952	2156.8	
1957	2023	1500	3695			41	2778	14167	2304.8	
1958	2766	1308	5494			132	3548	13806	2174.6	
1959	2995	1338	5487			282	4922	16861	2322.5	
1960	3611	1404	5684			318	6013	16867	2470.3	
1961	3402	1252	5587			149	5102	17266	1740.1	
1962	2842	1199	5980			104	5049	15524	1909.4	
1963	2664	1096	6178			96	5051	16862	1881.0	
1964	2692	1116	7252			90	5058	19424	2064.7	
1965	2751	1129	7909			88		19520	2022.0	
1966	2883	1155	10280			49	4838	18369	3174.8	470.4
1967	2681	1127	9477			82	6133	18272	2881.5	269.0
1968	2559	1048	9500			67	5403	18405	2638.3	221.7
1969	2579	1101	10173			32	5390	17661	2846.8	194.9
1970	2663	1144	10154			37	5501	16866	2874.0	229.7
1971	2727	1191	10486			38	6294	17038	2837.7	343.8
1972	2674	1071	10356			62	5576	17516	3200.0	443.1
1973	2690	1329	10447	1322	134	52	6629	17902	2824.2	671.5
1974	2778	1349	11416	3702	80	31	6110	18170	2886.0	812.3
1975	2840	1196	10738	7681	520	24	6949	19180	3193.9	869.3

注　1. 表中 1949—1965 年经费统计为事业费和基建费之和。

　　2. 1958—1964 年实验站数的统计中均包括了部分径流站。

　　3. 1960 年水文站数为年报统计数，偏大。经查核，水文年鉴刊布有流量资料的为 3365 站，年报数仅供参考。

　　4. 1957—1965 年测站数中包括水利（电）勘测部门的站。

　　5. 1959—1965 年水文职工数中包括水利（电）勘测部门的水文工作人员。

　　6. 水文站数据含外部门管理的处数。

Note　1. No separate statistical data of operating expenses and cost of construction are given for the data during 1949-1965.

　　2. The statistics of experiment stations during 1958-1964 includes only some runoff stations.

　　3. The number of hydrological stations in 1960 is estimated based on the Annual Report. After recheck, the stations with runoff data in the Hydrology Year-book are 3,365, and the data of Annual Report is for reference only.

　　4. Observation stations during 1957-1965 include stations under water (power) reconnaissance and design institutions.

　　5. Employees of hydrological stations during 1959-1965 include hydrological engineers and workers in water (power) reconnaissance and design institutions.

　　6. Hydrological stations include those under the management of others despite of water department.

8-1 续表 continued

年份 Year	水文站网（处）Hydrological Network/unit						报汛站 /处 Hydrometric Station /unit	职工人数 /人 Number of Employee /person	经费/万元 Expenses/10^4 yuan	
	水文站 Hydrological Station	水位站 Gauging Station	雨量站 Precipitation Station	地下水监测站 Ground-water Monitoring Station	水质站 Water Quality Station	实验站 Experiment Station			事业费 Operating Expenses	基建费 Cost of Construction
1976	2882	1336	11855	6858	663	29	8563	19981	3432.3	1215.0
1977	2917	1326	12817		609	26	8369	20886	3661.5	1118.5
1978	2922	1320	13309	11326	758	33	9010	21571	4293.7	1413.4
1979	3034	1202	14424	12992	681	45	8265	22856	7432.3	1889.1
1980	3294	1320	15732	16112	747	53	8731	24374	7562.1	1701.7
1981	3341	1317	15969	13343	848	57	8646	26240	7805.1	1085.2
1982	3401	1373	16437		1209	60	8369	27076	8182.9	1374.2
1983	3418	1413	16545	12487	1024	60	8401	27744	8621.0	1677.7
1984	3396	1425	16734	12134	977	63	8418	28316	9942.0	1669.0
1985	3384	1420	16406	12188	1011	63	8381	28426	10910.9	1959.9
1986	3400	1380	16697	11893	1648	58	8583	28549	12581.9	2405.7
1987	3397	1316	16448	11880	1946	56	8539	28793	12863.8	2447.5
1988	3450	1263	16273	13948	1846	64	8843	28516	14201.0	2715.3
1989	3269	1258	15605			58	8617	28257	15583.4	2645.6
1990	3265	1178	15602		2052	61	8604	28065	17233.2	4189.7
1991	3238	1201	15356	13523	2113	60	8482	28211	21285.0	5378.4
1992	3172	1149	15368	11400	2327	56	8525	28202	22725.8	6476.0
1993	3099	1156	15505			48	7485	27439	23981.0	6469.3
1994	3090	1148	14202	11807	1944	66	7423	27278	34160.9	7729.7
1995	3039	1158	14613	11518	1839	69	7165	26404	35347.0	11312.0
1996	3006	1107	14158	11179	2401	61	6987	26555	36321.0	12744.7
1997	3040	1093	14191	10874	2572	128	7296	26118	40386.3	14049.7
1998	3683	1084	13910	11509	2694	129	7484	25929	64311.5	15372.1
1999	3657	1079	13855	11528	2753	125	7584	25238	63628.5	15115.7
2000	3124	1093	14242	11768	2861	81	7559	25146	78514.3	24346.4
2001	3146	1084	14337	11786	3025	75	7716	25180	90125.6	30209.0
2002	3130	1073	14454	11620	3228	74	7893	25436	114414.0	31307.0
2003	3158	1135	14196	12116	3695	80	7648	25640	139392.0	26230.0
2004	3182	1134	14108	11757	3946	70	7595	25906	133830.0	31515.0
2005	3191	1160	14373	12313	4557	69	7815	26133	152446.0	22673.0
2006	3183	1180	13866	12598	5140	78	8220	26654	170812.0	45421.0
2007	3162	1221	14211	12551	5468	90	8561	26237	199286.0	43031.0
2008	3171	1244	14602	12683	5668	51	9678	26480	237430.0	56371.0
2009	3183	1407	15750	12522	6097	49	10294	26438	283268.0	59182.0
2010	3193	1467	17245	12991	6535	57	12786	26366	295179.0	75445.0
2011	3219	1523	19082	13489	7750	53	12444	26270	366162.0	338178.0
2012	3592	5317	35637	13726	10030	58	16469	26211	394928.0	381950.0
2013	4011	9330	43028	16407	11795	57	24518	26236	455736.0	404537.0
2014	4882	9890	46980	16990	12869	58	43539	25856	534921.0	243395.0
2015	5706	11180	49403	16800	14560	56	45863	25827	564076.0	257923.0

水文站网

8-2 2015年水文站网（按地区分）
Hydrological Network in 2015 (by Region)

单位：处 unit: unit

地区	Region	水文站合计 Total Hydrological Station	河道 River Course	水库 Reservoir	湖泊 Lake	潮流量 Tide Flow	水位站合计 Total Gauging Station	河道 River Course	水库 Reservoir	湖泊 Lake	潮水 Tide
合 计	Total	3079	2736	249	27	46	1313	783	221	99	210
北 京	Beijing	61	43	18							
天 津	Tianjin	23	23				2	2			
河 北	Hebei	135	113	20	2		15	4	4	7	
山 西	Shanxi	68	59	9							
内 蒙 古	Inner Mongolia	143	141	2			10	4	3	3	
辽 宁	Liaoning	100	99	1			9	6			3
吉 林	Jilin	107	99	8			14	14			
黑 龙 江	Heilongjiang	119	109	10			47	43	2	2	
上 海	Shanghai	9				9	45				45
江 苏	Jiangsu	150	144	6			137	98	6	17	16
浙 江	Zhejiang	82	79			3	132	98			34
安 徽	Anhui	109	62	42	1	2	87	47	22	16	2
福 建	Fujian	55	54	1			43	32			11
江 西	Jiangxi	107	107				56	48		8	
山 东	Shandong	135	97	37	1		17	9		5	3
河 南	Henan	126	102	24			32	29	3		
湖 北	Hubei	93	83	10			42	13	18	11	
湖 南	Hunan	113	112	1			12	12			
广 东	Guangdong	77	71	3		3	92	37	1		54
海 南	Hainan	13	11	2			8	5			3
广 西	Guangxi	114	111	2		1	23	19			4
四 川	Sichuan	139	139				29	28		1	
重 庆	Chongqing	31	31				119	119			
贵 州	Guizhou	89	89				3	3			
云 南	Yunnan	156	147	3	6		13	3	1	9	
西 藏	Tibet	49	49				3	2		1	
陕 西	Shaanxi	93	78				4	4			
甘 肃	Gansu	95	83	12							
青 海	Qinghai	32	32				1			1	
宁 夏	Ningxia	29	26				11	11			
新 疆	Xinjiang	129	129				1			1	
新疆生产建设兵团	Xinjiang Production and Construction Corps	20	12	8			117		117		
长 江 委	Yangtze River Water Resources Commission	118	72	19	17	9	100	40	38	14	8
黄 委	Yellow River Water Resources Commission	117	109	8			77	50	6	2	19
珠 委	Pearl River Water Resources Commission	17				17	8				8
海 委	Haihe River Water Resources Commission	11	8	3			3	3			
松 辽 委	Songliao River Water Resources Commission	6	6								
淮 委	Huaihe River Water Resources Commission	1	1								
太 湖 局	Taihu Basin Authority	8	6			2	1			1	

注　水文站网数为水文部门管理的数量。

Note　Number of hydrological stations and networks in this table are the total managed by hydrological department.

8-2 续表 continued

地区	Region	雨量站合计 Total Precipitation Station	常年 Perennial	汛期 Flood Season	蒸发站 Evaporation Station	墒情站合计 Total Soil Moisture Station	人工观测 Manual Observation	自动测报 Automatic Reporting	地下水监测站 Groundwater Monitoring Station
合 计	**Total**	**15614**	**13329**	**2285**	**14**	**1856**	**958**	**898**	**2963**
北 京	Beijing	123	123			80		80	
天 津	Tianjin	28	11	17					93
河 北	Hebei	939	709	230	1	178	178		
山 西	Shanxi	802	726	76		71	71		190
内 蒙 古	Inner Mongolia	628	527	101		100	100		337
辽 宁	Liaoning	434	299	135	2	95	40	55	198
吉 林	Jilin	280	192	88		121	33	88	386
黑 龙 江	Heilongjiang	626	405	221					333
上 海	Shanghai	10	10						
江 苏	Jiangsu	237	229	8		27	27		313
浙 江	Zhejiang	485	485			15		15	137
安 徽	Anhui	674	640	34	1	216	87	129	174
福 建	Fujian	401	401		1	16		16	
江 西	Jiangxi	658	658			68		68	19
山 东	Shandong	663	346	317		155	155		124
河 南	Henan	751	483	268		210	122	88	222
湖 北	Hubei	543	543			61	26	35	11
湖 南	Hunan	450	450			90		90	
广 东	Guangdong	751	751		5	29		29	
海 南	Hainan	182	182						
广 西	Guangxi	525	525			12		12	2
四 川	Sichuan	565	561	4		11	11		13
重 庆	Chongqing	833	833			72		72	
贵 州	Guizhou	557	557			56	17	39	
云 南	Yunnan	892	892			61	8	53	
西 藏	Tibet	39	39			6		6	
陕 西	Shaanxi	552	552			41	41		244[1]
甘 肃	Gansu	330	330			20	20		
青 海	Qinghai	86	80	6					44
宁 夏	Ningxia	767		767		44	21	23	87
新 疆	Xinjiang	9	9						
新疆生产建设兵团	Xinjiang Production and Construction Corps				1				
长 江 委	Yangtze River Water Resources Commission	29	29		2	1	1		36
黄 委	Yellow River Water Resources Commission	765	752	13	1				
珠 委	Pearl River Water Resources Commission								
海 委	Haihe River Water Resources Commission								
松 辽 委	Songliao River Water Resources Commission								
淮 委	Huaihe River Water Resources Commission								
太 湖 局	Taihu Basin Authority								

① 此为陕西省地下水管理监测局监测站点。
① The groundwater monitoring stations are managed by Groundwater Mangement and Monitoring Bureau of Shaanxi Province.

8-2 续表 continued

地区	Region	水质站合计 Total Water Quality Monitoring Station	人工取样 Manual Sampling	自动监测 Automatic Station	实验站 合计 Total Experiment Station	径流 Runoff	蒸发 Evaporation	测验方法 Experiment Method	水库 Reservoir	地下水 Groundwater	兼水文站 Used as Hydrological Station Despite of Other Functions
合 计	Total	14560	14330	230	56	21	16	3	2	7	12
北 京	Beijing	565	539	26							
天 津	Tianjin	178	176	2							
河 北	Hebei	302	297	5	2	1		1			
山 西	Shanxi	134	132	2	2					2	
内 蒙 古	Inner Mongolia	527	527								
辽 宁	Liaoning	1164	1161	3	3	1	1				1
吉 林	Jilin	271	271		7	3	4				
黑 龙 江	Heilongjiang	108	108		4	3	1				3
上 海	Shanghai	373	328	45							
江 苏	Jiangsu	2240	2201	39	1	1					
浙 江	Zhejiang	952	950	2	1	1					1
安 徽	Anhui	399	389	10	10	4	1			1	4
福 建	Fujian	731	711	20	2		1		1		1
江 西	Jiangxi	524	518	6	2			1			
山 东	Shandong	451	444	7							
河 南	Henan	228	228								
湖 北	Hubei	383	375	8							
湖 南	Hunan	277	276	1							
广 东	Guangdong	565	551	14	1			1			
海 南	Hainan	92	92								
广 西	Guangxi	299	294	5							
四 川	Sichuan	526	526		1						
重 庆	Chongqing	237	234	3							
贵 州	Guizhou	231	228	3	1	1					1
云 南	Yunnan	1066	1061	5							
西 藏	Tibet	83	83		3	1	2				
陕 西	Shaanxi	258	257	1							
甘 肃	Gansu	136	136		1					1	
青 海	Qinghai	239	238	1							
宁 夏	Ningxia	108	108								
新 疆	Xinjiang	236	236		1	1					
新疆生产建设兵团	Xinjiang Production and Construction Corps	16	16		2		1			1	
长 江 委	Yangtze River Water Resources Commission	210	207	3	7	3	2			2	1
黄 委	Yellow River Water Resources Commission	67	63	4	4	1	1			2	
珠 委	Pearl River Water Resources Commission	156	151	5							
海 委	Haihe River Water Resources Commission	84	81	3							
松 辽 委	Songliao River Water Resources Commission	5	4	1							
淮 委	Huaihe River Water Resources Commission										
太 湖 局	Taihu Basin Authority	139	133	6	1				1		

8-2 续表 continued

地区	Region	拍报水情测站合计 Total Hydrologic Reporting Station	水文站 Hydrological Station	水位站 Gauging Station	雨量站 Precipitation Station	发布预报测站 Forecast Report Station	专用站 Special Purpose Hydrological Station		
							水文站 Hydrological Station	水位站 Gauging Station	雨量站 Precipitation Station
合 计	**Total**	**45863**	**4057**	**4546**	**35218**	**1247**	**2555**	**9867**	**33789**
北 京	Beijing	314	79	2	74	21	41		53
天 津	Tianjin	167	36	2	28		45		
河 北	Hebei	1217	424	40	672	50	49	88	375
山 西	Shanxi	2189			2118		3	49	987
内 蒙 古	Inner Mongolia	221	135	2	84	7	110	16	687
辽 宁	Liaoning	1807	93	7	1631	58	1	52	1196
吉 林	Jilin	1593	92	11	1343	78	42	52	1325
黑 龙 江	Heilongjiang	2305	199	155	1951	92	145	100	1384
上 海	Shanghai	331		177	154	7	16	87	63
江 苏	Jiangsu	829	266	233	252	10	162	156	125
浙 江	Zhejiang	1099	134	150	643	38	47	2545	1529
安 徽	Anhui	2047	122	752	1089	78	122	197	1396
福 建	Fujian	663	44	177	401	47	83	1982	1503
江 西	Jiangxi	1373	81	67	1138	68	15	627	2621
山 东	Shandong	823	125	10	533	62	15	193	1224
河 南	Henan	4072	368	114	3245	90	240	136	2158
湖 北	Hubei	2012	289	323	1306	4	196	281	763
湖 南	Hunan	1696	153	152	1342	110	176	909	1300
广 东	Guangdong	436	54	101	275	123	67	307	1040
海 南	Hainan	203	13	8	182	7	32	21	9
广 西	Guangxi	3296	331	290	2659	110	213	250	2934
四 川	Sichuan	779	142	38	556	32	14		
重 庆	Chongqing	5348	19	762	4495	11	176	641	3663
贵 州	Guizhou	3146	222	478	2407	47	222	478	2407
云 南	Yunnan	2550	121		2421	4	129	92	1777
西 藏	Tibet	665	19	2	638		57	56	599
陕 西	Shaanxi	1933	82	106	1704	33	79	110	1342
甘 肃	Gansu	81	81						
青 海	Qinghai	34	31	1	2	14	6	28	322
宁 夏	Ningxia	1379	15	178	1132		29	167	870
新 疆	Xinjiang	84	67	1				68	78
新疆生产建设兵团	Xinjiang Production and Construction Corps	138	20	117					
长 江 委	Yangtze River Water Resources Commission	118	65	46	7	29		164	
黄 委	Yellow River Water Resources Commission	883	112	35	736	14	1	7	59
珠 委	Pearl River Water Resources Commission	3	3						
海 委	Haihe River Water Resources Commission	19	11	8		2	10	5	
松 辽 委	Songliao River Water Resources Commission	6	6						
淮 委	Huaihe River Water Resources Commission	1	1						
太 湖 局	Taihu Basin Authority	3	2	1		1	12	3	

8-2 续表 continued

地区 / Region	辅助断面 Supplementary Cross Section	固定洪调点 Fixed Flood Regulation Point	其他部门管理的水文站 Hydrological Stations Managed by Other Departments	观测项目类别 Observation Items 流量 Flow	水位 Water Level	水质 Water Quality	泥沙 Sediment 悬移质 Suspended Load	推移质 Bed Load	河床质 Bedsand	颗粒分析 Particle Analysis
合计 Total	790	342	72	5365	11294	14560	1591	19	38	351
北京 Beijing				157	177	565	17			11
天津 Tianjin			6	82	125	178	20			8
河北 Hebei	110		1	277	387	302	163			54
山西 Shanxi				70	118	134	63			33
内蒙古 Inner Mongolia				143	166	527	86			4
辽宁 Liaoning		6	21	100	158	1164	75			31
吉林 Jilin				172	215	271	45			
黑龙江 Heilongjiang				264	400	108	25			8
上海 Shanghai				25	177	373				
江苏 Jiangsu				356	510	2240	21			
浙江 Zhejiang	1		12	110	276	952	14			
安徽 Anhui	87		7	230	505	399	35			2
福建 Fujian			2	55	221	731	28			
江西 Jiangxi	8			122	746	524	30			13
山东 Shandong	181	50		140	299	451	45			3
河南 Henan	130	7	2	163	545	228	42			
湖北 Hubei				330	678	383	15			4
湖南 Hunan	17		1	190	1122	277	32			
广东 Guangdong	39		5	177	531	565	24			5
海南 Hainan				21	25	92	5			
广西 Guangxi	10			324	600	299	39			
四川 Sichuan				142	171	526	59			15
重庆 Chongqing				205	967	237	132			
贵州 Guizhou	2			76	84	231	28			
云南 Yunnan	40			285	390	1066	60			
西藏 Tibet				49	66	83	7			
陕西 Shaanxi			3	93	197	258	63			27
甘肃 Gansu				137	140	136	66			
青海 Qinghai	12	32		51	71	239	30			1
宁夏 Ningxia	15	44	12	74	178	108	31			
新疆 Xinjiang				160	161	236	82			
新疆生产建设兵团 Xinjiang Production and Construction Corps				137	138	16	14	2	2	2
长江委 Yangtze River Water Resources Commission				118	382	210	69	17	24	57
黄委 Yellow River Water Resources Commission	17			138	222	67	98		12	71
珠委 Pearl River Water Resources Commission				46	54	156	13			
海委 Haihe River Water Resources Commission				27	49	84	9			
松辽委 Songliao River Water Resources Commission				6	18	5	6			2
淮委 Huaihe River Water Resources Commission				1	1					
太湖局 Taihu Basin Authority	92			112	24	139				

8-2 续表 continued

地区	Region	观测项目类别 Observation Items								
		水温 Water Temperature	冰情 Ice Condition	比降 Gradient	地下水 Ground-water	墒情 Soil Moisture	蒸发 Evapor-ation	降水 Precipi-tation	水文调查 Hydrological Investigation	辅助气象项目 Assistant Metrological Project
合　　计	**Total**	**1296**	**1224**	**1005**	**15994**	**1897**	**1628**	**49887**	**1339**	**380**
北　京	Beijing	25	35	14	855	80	27	176	20	17
天　津	Tianjin	10	50		1193		7	50	17	11
河　北	Hebei	75	146	11	799	178	45	1449		11
山　西	Shanxi	61	64	63	2680	71	18	2187	70	70
内 蒙 古	Inner Mongolia	76	105	100	768	100	103	628	20	
辽　宁	Liaoning	45	66	76	701	95	40	1754	92	1
吉　林	Jilin	73	80	62	1285	121	27	1811	74	9
黑 龙 江	Heilongjiang	137	141	46	1256		71	2154	115	64
上　海	Shanghai	10			3		13	207	10	25
江　苏	Jiangsu	7		1	1148	27	35	563		
浙　江	Zhejiang	29		3	157	15	91	838		
安　徽	Anhui	35		30	195	216	48	1539		6
福　建	Fujian	21		41	25	16	27	497		1
江　西	Jiangxi	39		35	19	68	51	4024		4
山　东	Shandong	7	99	19	1645	155	49	2027	135	
河　南	Henan	35	107	45	1921	210	51	4028	130	9
湖　北	Hubei	20			33	61	42	1902	449	
湖　南	Hunan	26		67		90	47	2500		2
广　东	Guangdong			37	10	52	50	2131	16	22
海　南	Hainan	5		9		6		203	8	2
广　西	Guangxi	44		67	5	12	78	4057		22
四　川	Sichuan	19	2	23	55	11	74	731		
重　庆	Chongqing					107	46	5463		
贵　州	Guizhou	42				39	73	646		
云　南	Yunnan	60				61	120	3050		
西　藏	Tibet	27	15		14	6	35	43		12
陕　西	Shaanxi	20	1		636①	41	52	2092		
甘　肃	Gansu	40	41	41	282	20	74	330		21
青　海	Qinghai	17	34	23	30		37	446	32	1
宁　夏	Ningxia	5	17	16	229	44	17	1132	70	
新　疆	Xinjiang	103	90	60	16		102	113		19
新疆生产建设兵团	Xinjiang Production and Construction Corps	20	19		1		6	8	2	5
长 江 委	Yangtze River Water Resources Commission	39	4	1	2	1	17	165		
黄　委	Yellow River Water Resources Commission	95	95	107			37	824	79	34
珠　委	Pearl River Water Resources Commission							1		
海　委	Haihe River Water Resources Commission	9	7	4	1		6	16		4
松 辽 委	Songliao River Water Resources Commission	6	6	4			4	94		4
淮　委	Huaihe River Water Resources Commission							1	1	
太 湖 局	Taihu Basin Authority	14					1	7		4

① 此为陕西省地下水管理监测局监测站点。
① The groundwater monitoring stations are managed by Groundwater Mangement and Monitoring Bureau of Shaanxi Province.

主要统计指标解释

水文测站 为经常收集水文数据而在河、渠、湖、库上或流域内设立的各种水文观测场所的总称。

基本站 为公用目的，经统一规划设立，能获取基本水文要素值多年变化资料的水文测站。它应进行较长期的连续观测，资料长期存储。

水文站 设在河、渠、湖、库上以测定水位和流量为主的水文测站，根据需要还可兼测降水、水面蒸发、泥沙、水质等有关项目。

水位站 以观测水位为主，可兼测降水量等项目的水文测站。

雨量站（降水量站） 观测降水量的水文测站。

水面蒸发站 观测水面蒸发量的水文测站。

水质站（水质监测站） 为掌握水质动态，收集和积累水质基本资料而设置的水文测站。

地下水监测站 为探求地下水运动规律，进行地下水动态观测的水文测站。

水文实验站 在天然和人为特定实验条件下，由一个或一组水文观测试验项目站点组成的专门场所。

巡测站 对部分或全部水文要素视其变化定时或不定时到现场进行测验的水文测站。

墒情站 观测土壤含水量变化的水文测站。

Explanatory Notes of Main Statistical Indicators

Hydrological station General term for hydrological observation places that are located in river, canal, lake, reservoir or inside river basin for gathering hydrological data.

Basic station It is built for public purpose and designed according to unified planning to gather multi-year and long series hydrological data. This kind of station carries out long-term and continuous observation and stores data for future usage.

Hydrological station It is placed in river, canal, lake or reservoir and mainly for observation of water level and flow. When necessary, it is also used to observe precipitation, evaporation, sediment, water quality and other related data.

Stage gauging station It is mainly used to observe water level, and can observe precipitation and other related data at the same time.

Rainfall station (Precipitation station) It is used to observe precipitation.

Evaporation station It is used to observe evaporation of water surface.

Water quality station (Water quality monitoring station) It is used to gather and accumulate basic data of water quality and dynamic condition of water quality.

Groundwater monitoring station It is used to understand the principle of groundwater movement and carry out dynamic observation of aquifer.

Hydrologic experimental station It is specially formed by one or a series of experimental stations for hydrological observation under natural or artificially experimental conditions.

Tour hydrological station It is used to make on-the-spot observation to all or partial hydrological elements on regular or irregular basis according to their changing situations.

Soil moisture gauging station It is used to observe the variation of soil water content.

9　从业人员情况

Employees

简 要 说 明

从业人员情况统计资料主要包括水利部机关、直属单位、各省（自治区、直辖市）和计划单列市水利（水务）厅（局）的从业人员和技术工人情况等。

本部分资料分水利部机关和流域委员会、水利部在京直属单位、其他京外直属单位和地方水利部门。

Brief Introduction

Statistical data of employment provides you with information on employees working for the water sector, including staff and workers employed by the Ministry of Water Resources and organizations under the ministry, water resources departments of provinces (autonomous regions or municipalities) as well as cities with separate plans.

The data of Ministry of Water Resources and river basin commissions under the Ministry, affiliate organizations of the Ministry in Beijing and affiliate organizations of the Ministry out of Beijing and local water resources departments is shown separately by group.

9-1　2015 年水利部从业人员

Employees of the Ministry of Water Resources in 2015

单 位	Institution	单位个数 /个 Number of Organizations /unit	年末人数 Total staff at the End of the Year				
			单位从业人员 /人 Employees /person	#女性 Female	在岗职工 Full-time Staff	劳务派遣人员 Contracted Service Staff	其他从业人员 Other Employees
水利部	**Ministry of Water Resources (MWR)**	**851**	**72015**	**19595**	**66251**	**4046**	**1718**
水利部机关和流域机构	MWR and River Basin Commissions	676	52392	13764	48849	2519	1024
水利部在京直属单位	Affiliate Organizations of MWR in Beijing	155	16325	5033	14901	873	551
其他京外直属单位	Affiliate Organizations of MWR outside Beijing	20	3298	798	2501	654	143

9-1 续表 continued

单 位	Institution	平均人数 Average Number			
		单位从业人员 /人 Employees /person	在岗职工 Full-time Staff	劳务派遣人员 Contracted Service Staff	其他从业人员 Other Employees
水利部	**Ministry of Water Resources (MWR)**	**72469**	**66618**	**4070**	**1781**
水利部机关和流域机构	Ministry and River Basin Commissions	52656	49057	2592	1007
水利部在京直属单位	Affiliate Organizations of MWR in Beijing	16502	15052	823	627
其他京外直属单位	Affiliate Organizations of MWR outside Beijing	3311	2509	655	147

9-2　2015 年地方水利部门从业人员
Employees of Local Water Resources Departments in 2015

单　位	Institution	单位个数/个 Number of Organizations /unit	单位从业人员 年末人数/人 Employees at the end of the Year /person	#女性 Female	在岗职工 Fully Employed Staff	劳务派遣人员 Service Dispatching Employees	其他从业人员 Other Employees
地方水利部门	**Local Water Resources Departments**	**43733**	**901989**	**258051**	**880840**	**6007**	**15142**
北京市水务局	Beijing Water Authority	308	9811	3574	9811		
天津市水务局	Tianjin Water Authority	227	9154	2810	9074		80
河北省水利厅	Hebei Provincial Water Resources Department	1691	50290	17030	50290		
山西省水利厅	Shanxi Provincial Water Resources Department	2034	40536	12492	40060	54	422
内蒙古自治区水利厅	Water Resources Department of Inner Mongolia Autonomous Region	1012	27184	8645	27085		99
辽宁省水利厅	Liaoning Provincial Water Resources Department	1693	32945	9621	32833	71	41
吉林省水利厅	Jilin Provincial Water Resources Department	1318	27768	8015	27716	1	51
黑龙江省水利厅	Heilongjiang Provincial Water Resources Department	1432	27825	7428	27703	102	20
上海市水务局	Shanghai Water Authority	136	3939	1004	3676	260	3
江苏省水利厅	Jiangsu Provincial Water Resources Department	2295	35116	8330	34645	450	21
浙江省水利厅	Zhejiang Provincial Water Resources Department	3198	54989	12535	47130	3741	4118
安徽省水利厅	Anhui Provincial Water Resources Department	1601	31025	6837	30994	22	9
福建省水利厅	Fujian Provincial Water Resources Department	929	13355	3230	13224	110	21
江西省水利厅	Jiangxi Provincial Water Resources Department	1655	21573	5186	21529	29	15
山东省水利厅	Shandong Provincial Water Resources Department	2601	47077	13450	47073	4	
河南省水利厅	Henan Provincial Water Resources Department	2027	61552	20041	61279		273
湖北省水利厅	Hubei Provincial Water Resources Department	2362	45485	13463	44480	285	720
湖南省水利厅	Hunan Provincial Water Resources Department	2591	61759	16345	57554	76	4129
广东省水利厅	Guangdong Provincial Water Resources Department	1828	44300	11494	43545	75	680
广西壮族自治区水利厅	Water Resources Department of Guangxi Zhuang Autonomous Region	1791	27420	7741	26134	228	1058
海南省水务厅	Hainan Water Authority	238	8816	2270	8614	78	124
重庆市水利局	Chongqing Water Resources Bureau	663	10579	3570	10368	181	30
四川省水利厅	Sichuan Provincial Water Resources Department	2229	37163	11650	36158	170	835
贵州省水利厅	Guizhou Provincial Water Resources Department	1562	16631	4385	16445		186
云南省水利厅	Yunnan Provincial Water Resources Department	1616	20210	5596	20210		
西藏自治区水利厅	Water Resources Department of Tibet Autonomous Region	105	2331	728	2116	40	175
陕西省水利厅	Shaanxi Provincial Water Resources Department	1562	46847	15920	46838		9
甘肃省水利厅	Gansu Provincial Water Resources Department	1110	31273	8981	30794		479
青海省水利厅	Qinghai Provincial Water Resources Department	356	6850	2124	6850		
宁夏回族自治区水利厅	Water Resources Department of Ningxia Hui Autonomous Region	246	8034	2209	8009	3	22
新疆维吾尔自治区水利厅	Water Resources Department of Xinjiang Uygur Autonomous Region	862	26990	8072	25474		1516
大连市水务局	Dalian Water Authority	91	6260	1596	6254		6
宁波市水利局	Ningbo Water Resources Bureau	150	2130	427	2103	27	
厦门市水利局	Xiamen Water Resources Bureau	32	369	58	369		
青岛市水利局	Qingdao Water Resources Bureau	162	3010	836	3010		
深圳市水务局	Shenzhen Water Authority	20	1393	358	1393		

9-2 续表 continued

单 位	Institution	平均人数 Average Number			
		单位从业人员 /人 Employees /person	在岗职工 Full-time Staff	劳务派遣人员 Contracted Service Staff	其他从业人员 Other Employees
地方水利部门	**Local Water Resources Departments**	**899630**	**880989**	**8276**	**14862**
北京市水务局	Beijing Water Authority	9852	9832		
天津市水务局	Tianjin Water Authority	9284	9197		80
河北省水利厅	Hebei Provincial Water Resources Department	50336	50311	580	15
山西省水利厅	Shanxi Provincial Water Resources Department	40374	39984	51	438
内蒙古自治区水利厅	Water Resources Department of Inner Mongolia Autonomous Region	27189	26793	9	108
辽宁省水利厅	Liaoning Provincial Water Resources Department	32813	32636	55	47
吉林省水利厅	Jilin Provincial Water Resources Department	27883	27756	1	51
黑龙江省水利厅	Heilongjiang Provincial Water Resources Department	27593	27418	107	39
上海市水务局	Shanghai Water Authority	3963	3701	257	3
江苏省水利厅	Jiangsu Provincial Water Resources Department	34786	34605	214	21
浙江省水利厅	Zhejiang Provincial Water Resources Department	54593	48316	3514	4048
安徽省水利厅	Anhui Provincial Water Resources Department	31071	30647	22	376
福建省水利厅	Fujian Provincial Water Resources Department	13332	13220	110	21
江西省水利厅	Jiangxi Provincial Water Resources Department	21513	21477	2200	15
山东省水利厅	Shandong Provincial Water Resources Department	47054	47004	4	
河南省水利厅	Henan Provincial Water Resources Department	62373	62029		438
湖北省水利厅	Hubei Provincial Water Resources Department	45754	44590	195	911
湖南省水利厅	Hunan Provincial Water Resources Department	60149	57286	71	2969
广东省水利厅	Guangdong Provincial Water Resources Department	44331	43606	102	699
广西壮族自治区水利厅	Water Resources Department of Guangxi Zhuang Autonomous Region	27393	26155	219	1045
海南省水务厅	Hainan Water Authority	8778	8617	40	124
重庆市水利局	Chongqing Water Resources Bureau	10544	10357	161	35
四川省水利厅	Sichuan Provincial Water Resources Department	37385	36327	182	841
贵州省水利厅	Guizhou Provincial Water Resources Department	15844	15723		291
云南省水利厅	Yunnan Provincial Water Resources Department	20133	20097		
西藏自治区水利厅	Water Resources Department of Tibet Autonomous Region	2307	2112	40	165
陕西省水利厅	Shaanxi Provincial Water Resources Department	46900	46854		68
甘肃省水利厅	Gansu Provincial Water Resources Department	31433	30834	69	479
青海省水利厅	Qinghai Provincial Water Resources Department	6835	6823		
宁夏回族自治区水利厅	Water Resources Department of Ningxia Hui Autonomous Region	7994	7989	3	22
新疆维吾尔自治区水利厅	Water Resources Department of Xinjiang Uygur Autonomous Region	26681	25579		1490
大连市水务局	Dalian Water Authority	6317	6273	35	7
宁波市水利局	Ningbo Water Resources Bureau	2129	2094	27	
厦门市水利局	Xiamen Water Resources Bureau	370	370		
青岛市水利局	Qingdao Water Resources Bureau	3010	3011		
深圳市水务局	Shenzhen Water Authority	1334	1368	8	16

9-3　2015 年水利部职工职称情况

Employees with Technical Titles of the Ministry
of Water Resources in 2015

单　位	Institution	合计 /人 Total /person	高级 Senior	中级 Intermediate	初级 Elementary
水利部	**Ministry of Water Resources (MWR)**	**38068**	**13100**	**13269**	**11699**
水利部机关和流域机构	The Ministry and River Basin Commissions	29231	9364	10474	9393
水利部在京直属单位	Affiliate Organizations of the Ministry in Beijing	6729	2781	2130	1818
其他京外直属单位	Affiliate Organizations of the Ministry out of Beijing	2108	955	665	488

9-4 2015 年地方水利部门职工职称情况

Employees with Technical Titles in Local Water Resources Departments in 2015

单 位	Institution	合计/人 Total /person	高级 Senior	中级 Intermediate	初级 Elementary
地方水利部门	**Local Water Resources Departments**	**307123**	**42706**	**120114**	**144303**
北京市水务局	Beijing Water Authority	3875	526	1275	2074
天津市水务局	Tianjin Water Authority	4486	1301	1642	1543
河北省水利厅	Hebei Provincial Water Resources Department	15946	2569	5075	8302
山西省水利厅	Shanxi Provincial Water Resources Department	12227	1121	4717	6389
内蒙古自治区水利厅	Water Resources Department of Inner Mongolia Autonomous Region	8061	1775	3410	2876
辽宁省水利厅	Liaoning Provincial Water Resources Department	11041	1433	5064	4544
吉林省水利厅	Jilin Provincial Water Resources Department	9806	1739	3674	4393
黑龙江省水利厅	Heilongjiang Provincial Water Resources Department	10915	2672	4455	3788
上海市水务局	Shanghai Water Authority	1379	129	463	787
江苏省水利厅	Jiangsu Provincial Water Resources Department	14475	1739	5732	7004
浙江省水利厅	Zhejiang Provincial Water Resources Department	27368	3919	12253	11196
安徽省水利厅	Anhui Provincial Water Resources Department	9587	1222	3762	4603
福建省水利厅	Fujian Provincial Water Resources Department	5352	1011	2220	2121
江西省水利厅	Jiangxi Provincial Water Resources Department	5626	723	2120	2783
山东省水利厅	Shandong Provincial Water Resources Department	22730	2747	8257	11726
河南省水利厅	Henan Provincial Water Resources Department	13981	1347	5536	7098
湖北省水利厅	Hubei Provincial Water Resources Department	13740	1138	6104	6498
湖南省水利厅	Hunan Provincial Water Resources Department	16202	1294	6457	8451
广东省水利厅	Guangdong Provincial Water Resources Department	10380	1693	3424	5263
广西壮族自治区水利厅	Water Resources Department of Guangxi Zhuang Autonomous Region	9127	966	3764	4397
海南省水务厅	Hainan Water Authority	1220	149	333	738
重庆市水利局	Chongqing Water Resources Bureau	3328	528	1346	1454
四川省水利厅	Sichuan Provincial Water Resources Department	13024	1858	4903	6263
贵州省水利厅	Guizhou Provincial Water Resources Department	7170	859	2596	3715
云南省水利厅	Yunnan Provincial Water Resources Department	9962	1659	4245	4058
西藏自治区水利厅	Water Resources Department of Tibet Autonomous Region	692	82	243	367
陕西省水利厅	Shaanxi Provincial Water Resources Department	13558	1700	5295	6563
甘肃省水利厅	Gansu Provincial Water Resources Department	10559	1408	4046	5105
青海省水利厅	Qinghai Provincial Water Resources Department	3273	600	1246	1427
宁夏回族自治区水利厅	Water Resources Department of Ningxia Hui Autonomous Region	3787	570	1566	1651
新疆维吾尔自治区水利厅	Water Resources Department of Xinjiang Uygur Autonomous Region	9938	1498	3218	5222
大连市水务局	Dalian Water Authority	1317	212	535	570
宁波市水利局	Ningbo Water Resources Bureau	1021	155	460	406
厦门市水利局	Xiamen Water Resources Bureau	90	21	47	22
青岛市水利局	Qingdao Water Resources Bureau	1275	101	430	744
深圳市水务局	Shenzhen Water Authority	605	242	201	162

9-5　2015 年水利部技术工人结构

Statistics of Skilled Workers of the Ministry of Water Resources in 2015

单　位	Institution	合计 /人 Total /person	无等级 /人 Non-graded Workers /person	初级工 /人 Elementary Workers /person	#获证人数 With Certificate	#当年获证 Getting Certificate in the Year
水利部	Ministry of Water Resources (MWR)	26751	5094	3453	2686	198
水利部机关和流域机构	The Ministry and River Basin Commissions	18998	1951	2063	2020	141
水利部在京直属单位	Affiliate Organizations of the Ministry in Beijing	7346	3012	1327	604	57
其他京外直属单位	Affiliate Organizations of the Ministry out of Beijing	407	131	63	62	

9-5 续表 continued

单 位	Institution	中级工/人 Intermediate Workers /person	#获证人数 With Certificate	#当年获证 Getting Certificate of the Year	高级工/人 Senior Workers /person	#获证人数 With Certificate	#当年获证 Getting Certificate of the Year
水利部	**Ministry of Water Resources (MWR)**	**3422**	**2960**	**222**	**9138**	**8883**	**223**
水利部机关和流域机构	The Ministry and River Basin Commissions	2363	2354	177	7621	7609	120
水利部在京直属单位	Affiliate Organizations of the Ministry in Beijing	1005	552	45	1400	1165	103
其他京外直属单位	Affiliate Organizations of the Ministry out of Beijing	54	54		117	109	

9-5 续表 continued

单 位	Institution	技师 /人 Technician /person	#获证人数 With Certificate	#当年获证 Getting Certificate of the Year	高级技师 /人 Senior Technician /person	#获证人数 With Certificate	#当年获证 Getting Certificate of the Year
水利部	**Ministry of Water Resources (MWR)**	4957	4882	173	687	601	60
水利部机关和流域机构	The Ministry and River Basin Commissions	4458	4454	120	542	540	58
水利部在京直属单位	Affiliate Organizations of the Ministry in Beijing	461	397	53	141	57	1
其他京外直属单位	Affiliate Organizations of the Ministry out of Beijing	38	31		4	4	1

9-6 2015年地方水利部门技术工人结构

Statistics of Skilled Workers of Local Water Departments in 2015

单　　位	Institution	合计 /人 Total /person	无等级 /人 Non-graded Workers /person	初级工 /人 Elementary Workers /person	#获证人数 With Certificate	#当年获证 Getting Certificate of the Year
地方水利部门	**Local Water Resources Departments**	**407099**	**85991**	**60482**	**52885**	**1954**
北京市水务局	Beijing Water Authority	2705	439	598	558	13
天津市水务局	Tianjin Water Authority	3293	26	163	123	14
河北省水利厅	Hebei Provincial Water Resources Department	27257	5008	5080	4726	173
山西省水利厅	Shanxi Provincial Water Resources Department	19910	4226	5075	3142	22
内蒙古自治区水利厅	Water Resources Department of Inner Mongolia Autonomous Region	14559	4366	1249	749	47
辽宁省水利厅	Liaoning Provincial Water Resources Department	15518	5109	1817	1743	120
吉林省水利厅	Jilin Provincial Water Resources Department	12897	5591	2754	1777	26
黑龙江省水利厅	Heilongjiang Provincial Water Resources Department	13279	4492	1003	863	111
上海市水务局	Shanghai Water Authority	872	89	156	156	
江苏省水利厅	Jiangsu Provincial Water Resources Department	13512	664	1745	1585	84
浙江省水利厅	Zhejiang Provincial Water Resources Department	5761	1181	500	500	
安徽省水利厅	Anhui Provincial Water Resources Department	17160	2587	2036	1757	1
福建省水利厅	Fujian Provincial Water Resources Department	5700	1237	820	790	9
江西省水利厅	Jiangxi Provincial Water Resources Department	10258	1728	1542	1236	13
山东省水利厅	Shandong Provincial Water Resources Department	15430	4561	2591	2498	149
河南省水利厅	Henan Provincial Water Resources Department	36695	1902	4843	4651	232
湖北省水利厅	Hubei Provincial Water Resources Department	22320	2589	3570	3339	24
湖南省水利厅	Hunan Provincial Water Resources Department	33726	4584	6332	6055	
广东省水利厅	Guangdong Provincial Water Resources Department	24181	11110	3638	3357	210
广西壮族自治区水利厅	Water Resources Department of Guangxi Zhuang Autonomous Region	13218	2407	1170	1131	49
海南省水务厅	Hainan Water Authority	6470	4660	871	818	
重庆市水利局	Chongqing Water Resources Bureau	3893	1263	495	466	5
四川省水利厅	Sichuan Provincial Water Resources Department	14234	2407	2115	1431	19
贵州省水利厅	Guizhou Provincial Water Resources Department	3598	1396	635	543	17
云南省水利厅	Yunnan Provincial Water Resources Department	6506	504	497	479	11
西藏自治区水利厅	Water Resources Department of Tibet Autonomous Region	624	225	80	55	1
陕西省水利厅	Shaanxi Provincial Water Resources Department	25790	2228	3635	3371	353
甘肃省水利厅	Gansu Provincial Water Resources Department	14458	2779	2396	2129	114
青海省水利厅	Qinghai Provincial Water Resources Department	1977	662	225	210	2
宁夏回族自治区水利厅	Water Resources Department of Ningxia Hui Autonomous Region	3267	192	295	207	4
新疆维吾尔自治区水利厅	Water Resources Department of Xinjiang Uygur Autonomous Region	11464	1782	2195	2128	113
大连市水务局	Dalian Water Authority	4531	3220	128	128	3
宁波市水利局	Ningbo Water Resources Bureau	625	229	54	19	1
厦门市水利局	Xiamen Water Resources Bureau	138		6	6	1
青岛市水利局	Qingdao Water Resources Bureau	1000	386	142	129	6
深圳市水务局	Shenzhen Water Authority	273	162	31	30	7

9-6 续表 continued

单 位	Institution	中级工/人 Intermediate Workers /person	#获证人数 With Certificate	#当年获证 Getting Certificate of the Year	高级工/人 Senior Workers /person	#获证人数 With Certificate	#当年获证 Getting Certificate of the Year
地方水利部门	**Local Water Resources Departments**	**91486**	**86417**	**3857**	**133508**	**127694**	**5938**
北京市水务局	Beijing Water Authority	873	811	22	779	732	35
天津市水务局	Tianjin Water Authority	458	458	80	2634	2632	50
河北省水利厅	Hebei Provincial Water Resources Department	5546	5518	202	8229	8213	280
山西省水利厅	Shanxi Provincial Water Resources Department	4465	3962	84	3164	2849	124
内蒙古自治区水利厅	Water Resources Department of Inner Mongolia Autonomous Region	1320	1047	148	3827	3253	521
辽宁省水利厅	Liaoning Provincial Water Resources Department	3221	3122	210	5075	4794	325
吉林省水利厅	Jilin Provincial Water Resources Department	2148	1851	34	1752	1585	72
黑龙江省水利厅	Heilongjiang Provincial Water Resources Department	1547	1366	131	2888	2464	275
上海市水务局	Shanghai Water Authority	452	452	4	165	165	7
江苏省水利厅	Jiangsu Provincial Water Resources Department	2899	2805	92	7404	7012	296
浙江省水利厅	Zhejiang Provincial Water Resources Department	815	815	517	1880	1880	12
安徽省水利厅	Anhui Provincial Water Resources Department	4268	3962	200	7943	7458	153
福建省水利厅	Fujian Provincial Water Resources Department	1218	1178	2	2086	2034	11
江西省水利厅	Jiangxi Provincial Water Resources Department	2974	2822	73	3218	3063	131
山东省水利厅	Shandong Provincial Water Resources Department	3183	3081	165	5047	4812	189
河南省水利厅	Henan Provincial Water Resources Department	7945	7707	404	18594	18361	836
湖北省水利厅	Hubei Provincial Water Resources Department	4176	3872	77	6720	6457	202
湖南省水利厅	Hunan Provincial Water Resources Department	11125	10656		10834	10371	4
广东省水利厅	Guangdong Provincial Water Resources Department	4586	4247	159	4720	4407	134
广西壮族自治区水利厅	Water Resources Department of Guangxi Zhuang Autonomous Region	3747	3556	138	5494	5438	323
海南省水务厅	Hainan Water Authority	642	628	1	257	242	30
重庆市水利局	Chongqing Water Resources Bureau	1000	968	54	691	683	3
四川省水利厅	Sichuan Provincial Water Resources Department	4057	3445	46	4581	4117	82
贵州省水利厅	Guizhou Provincial Water Resources Department	781	735	11	739	716	22
云南省水利厅	Yunnan Provincial Water Resources Department	1283	1258	31	3924	3813	157
西藏自治区水利厅	Water Resources Department of Tibet Autonomous Region	112	71	5	182	133	
陕西省水利厅	Shaanxi Provincial Water Resources Department	7335	7124	707	10240	10034	1024
甘肃省水利厅	Gansu Provincial Water Resources Department	4188	4086	118	3873	3792	241
青海省水利厅	Qinghai Provincial Water Resources Department	369	369	2	504	495	5
宁夏回族自治区水利厅	Water Resources Department of Ningxia Hui Autonomous Region	1066	784	7	1076	761	140
新疆维吾尔自治区水利厅	Water Resources Department of Xinjiang Uygur Autonomous Region	2984	2984	117	3803	3803	204
大连市水务局	Dalian Water Authority	389	389	1	626	626	3
宁波市水利局	Ningbo Water Resources Bureau	46	26		171	123	5
厦门市水利局	Xiamen Water Resources Bureau	20	20		96	96	
青岛市水利局	Qingdao Water Resources Bureau	235	232	13	232	227	18
深圳市水务局	Shenzhen Water Authority	13	10	2	60	53	24

9-6 续表 continued

单 位	Institution	技师 /人 Technician /person	#获证人数 With Certificate	#当年获证 Getting Certificate of the Year	高级技师 /人 Senior Technician /person	#获证人数 With Certificate	#当年获证 Getting Certificate of the Year
地方水利部门	**Local Water Resources Departments**	**32824**	**31061**	**2746**	**2808**	**2460**	**189**
北京市水务局	Beijing Water Authority	16	16	6			
天津市水务局	Tianjin Water Authority	9	9	3	3	3	1
河北省水利厅	Hebei Provincial Water Resources Department	3355	3346	86	39	39	4
山西省水利厅	Shanxi Provincial Water Resources Department	2978	2736	155	2	2	1
内蒙古自治区水利厅	Water Resources Department of Inner Mongolia Autonomous Region	2085	1882	141	1712	1393	114
辽宁省水利厅	Liaoning Provincial Water Resources Department	283	252	28	13	13	1
吉林省水利厅	Jilin Provincial Water Resources Department	607	559	22	45	45	4
黑龙江省水利厅	Heilongjiang Provincial Water Resources Department	3300	2913	258	49	47	13
上海市水务局	Shanghai Water Authority	10	10	1			
江苏省水利厅	Jiangsu Provincial Water Resources Department	753	721	36	47	47	6
浙江省水利厅	Zhejiang Provincial Water Resources Department	1277	1277	8	108	108	
安徽省水利厅	Anhui Provincial Water Resources Department	324	305	7	2	2	
福建省水利厅	Fujian Provincial Water Resources Department	325	320	9	14	14	1
江西省水利厅	Jiangxi Provincial Water Resources Department	791	775	17	5	5	
山东省水利厅	Shandong Provincial Water Resources Department	47	46		1	1	
河南省水利厅	Henan Provincial Water Resources Department	3405	3341	699	6	6	1
湖北省水利厅	Hubei Provincial Water Resources Department	4802	4602	171	463	452	11
湖南省水利厅	Hunan Provincial Water Resources Department	770	716	1	81	74	
广东省水利厅	Guangdong Provincial Water Resources Department	120	78	8	7	2	
广西壮族自治区水利厅	Water Resources Department of Guangxi Zhuang Autonomous Region	386	384	54	14	14	3
海南省水务厅	Hainan Water Authority	37	22	1	3	3	
重庆市水利局	Chongqing Water Resources Bureau	438	437	23	6	5	1
四川省水利厅	Sichuan Provincial Water Resources Department	1019	963	61	55	54	15
贵州省水利厅	Guizhou Provincial Water Resources Department	47	44	2			
云南省水利厅	Yunnan Provincial Water Resources Department	298	282	43			
西藏自治区水利厅	Water Resources Department of Tibet Autonomous Region	23	22		2	2	
陕西省水利厅	Shaanxi Provincial Water Resources Department	2350	2275	586	2	2	1
甘肃省水利厅	Gansu Provincial Water Resources Department	1222	1194	193			
青海省水利厅	Qinghai Provincial Water Resources Department	214	211	18	3	3	
宁夏回族自治区水利厅	Water Resources Department of Ningxia Hui Autonomous Region	632	427	6	6	4	3
新疆维吾尔自治区水利厅	Water Resources Department of Xinjiang Uygur Autonomous Region	636	636	76	64	64	6
大连市水务局	Dalian Water Authority	118	118	26	50	50	
宁波市水利局	Ningbo Water Resources Bureau	120	115	1	5	5	3
厦门市水利局	Xiamen Water Resources Bureau	15	15		1	1	
青岛市水利局	Qingdao Water Resources Bureau	5	5				
深圳市水务局	Shenzhen Water Authority	7	7				

主要统计指标解释

从业人员　指在各级国家机关、政党、社会团体及企业、事业单位中工作，取得工资或其他形式的劳动报酬的全部人员，包括在岗职工、再就业的离退休人员、民办教师以及在各单位中工作的外方人员和港澳台方人员、兼职人员、借用的外单位人员和第二职业者。不包括离开本单位仍保留劳动关系的职工。

Explanatory Notes of Main Statistical Indicators

Employees It refers to staff worked for governmental agencies, party and its administrative organizations, social groups, enterprises and non-governmental organizations at all levels, who have obtained paid salaries or other types of labor remuneration, including full-time employment, re-employed retirees, rural school teachers, hired staff and workers from other countries, Hong Kong, Macao and Taiwan, part-time staff and workers, borrowed staff and second-job staff and workers, but the staff and workers who has left the organization without ending their contracts are excluded.